A NATURAL HISTORY OF OUR PLANET'S DECOMPOSERS

地球分解者

FUNGI
真菌

[美] 布里特·艾伦·邦亚德 著

陈伟 译

CTS K 湖南科学技术出版社
·长沙·

图书在版编目（CIP）数据

真菌：地球分解者 /（美）布里特·艾伦·邦亚德著；
陈伟译 . — 长沙：湖南科学技术出版社，2023.12
（2024.10 重印）
（普林斯顿大学生物图鉴）
书名原文：THE LIVES OF FUNGI
ISBN 978-7-5710-2510-6

Ⅰ . ①真… Ⅱ . ①布… ②陈… Ⅲ . ①真菌—普及读物
Ⅳ . ① Q949.32-49

中国国家版本馆 CIP 数据核字 (2023) 第 187169 号

The Lives of Fungi, 2022
Copyright © UniPress Books 2022
This translation originally published in English in 2022 is
published by arrangement with UniPress Books Limited.

著作版权登记号：18-2023-169 号

ZHENJUN: DIQIU FENJIEZHE
真菌：地球分解者

著　者：[美] 布里特·艾伦·邦亚德
译　者：陈　伟
出 版 人：潘晓山
总 策 划：陈沂欢
策划编辑：宫　超　乔　琦
责任编辑：李文瑶
特约编辑：林　凌
图片编辑：李晓峰
地图编辑：程　远　彭　聪
营销编辑：王思宇　郑冉钰
版权编辑：刘雅娟
责任美编：彭怡轩
装帧设计：李　川
制　　版：北京美光设计制版有限公司
特约印制：焦文献
出版发行：湖南科学技术出版社
社　　址：长沙市开福区泊富国际金融中心 40 楼
网　　址：http://www.hnstp.com
湖南科学技术出版社天猫旗舰店网址：
　　　　　http://hnkjcbs.tmall.com
邮购联系：本社直销科 0731-84375808
印　　刷：北京华联印刷有限公司
版　　次：2023 年 12 月第 1 版
印　　次：2024 年 10 月第 3 次印刷
开　　本：710mm×1000mm 1/16
印　　张：18
字　　数：254 千字
书　　号：ISBN 978-7-5710-2510-6
审 图 号：GS 京（2023）1532 号
定　　价：98.00 元

CONTENTS
目录

INTRODUCTION
引言

{ **"万物共生，互为因果。"**
——译自太平洋西北部海达人的信条 }

　　地球上的所有生命都是相互联系的，但这些联系大多是我们用肉眼看不见的。比如，当你读到这里时，分布在你身体（不管是体内还是体外）表面的微生物正"忙碌"着。事实上，在这个称之为"你"的生态系统中，绝大多数活细胞甚至都不是人体细胞，而是微生物的细胞。在微生物中，有些是真菌。

　　你家窗外的树也是一样的，其自身的细胞大部分是死的。也就是说，这棵树体内的活细胞可能大多数都不是它自己的细胞，甚至不是植物细胞。植物组织中的内生菌会影响植物体大部分激素的分泌，进而影响植物的抗旱性、耐热性，以及为应对病原体或食草动物的攻击而产生的毒素。树木根部的菌根可以吸收水分和养分。这些真菌附着在相邻但不相关的树木上，其子实体被以真菌为食（菌食性）的节肢动物寄生。这些节肢动物又被线虫或其他更小的节肢动物寄生，如茧蜂科的寄生蜂。微小的寄生蜂依靠病毒来躲过宿主幼虫的免疫系统，从而将卵寄生在宿主体内，使寄生关系得以延续。

　　这些生物有一个共同点，那就是它们的生存都依赖着真菌，实际上这也是地球上所有生物的共性。尽管真菌无处不在，但人们对它们的了解少之又少。随着地球上栖息地的不断减少和人口的迅速增长，随之而来的是自然资源的消耗、环境的污染、物种的入

<< 我们所看到的在地面上的蘑菇其实是真菌的繁殖结构（即产孢结构——子实体），其形状和形式各异，令人眼花缭乱。裂褶菌（*Schizophyllum commune*）是最普遍的一种蘑菇，除了南极洲，在其他各大洲的枯木上都能发现它

侵和其他人为的灾害，我们越来越有必要重视这些自然
财富。

　　蘑菇和其他真菌是漂亮而有趣的生物，我知道并不
是每个人都认同这个观点，因为真菌通常被认为是环境
中有机物（包括死去的有机体）的分解者以及营养物质的回收者。然而，最近人们
开发出了从环境中检测有机 DNA（脱氧核糖核酸）的方法，通过该方法再配合改进
的显微镜技术以及新的培育或培养法等进行研究，得到的成果都表明，真菌比我们
想象的要普遍得多，而且其对环境乃至人类的重要性也远远超出我们的想象。

　　从物种的绝对质量和数量来看，真菌（与昆虫一样）可能是地球上最常见、演
化最成功的生物。从海拔最高的山峰到最干旱的沙漠，从海洋的深处到我们自家的
后院，真菌在地球上的各大洲都能繁衍生息。当然，真菌不会止步于我们的家门口，
它们在我们的房子里也依然欣欣向荣（这也让大多数人头疼不已）。随着现代显微
镜技术的发展，我们已经知道霉菌和其他真菌几乎存在于环境中的每个角落，即使
是长期以来被视为所有栖息地基石的植物，可能也无法在没有真菌的环境下长期存
活。真菌或以菌根的形式缠绕在植物根部，或附生在植物表面，或以内生菌的形式
存在于植物的组织内，它们可以算是自然界真正的傀儡大师。此外，植物的绝大多
数病害也都是真菌导致的，其中就包括我们赖以生存的农作物，以及为我们提供纤
维质和药物的那些植物。所以我要再次声明，真菌主宰着一切。

ⵣ　杏黄胶孔菌（*Favolaschia caloc-era*）是一种漂亮的木腐菌，最近出现
在许多新地方和新栖息地。不断变化
的气候以及人类的国际旅行和贸易，
正逐渐改变着我们周围的真菌景观

真菌有各种各样的颜色，形态和形状从简单到复杂，有的甚至超乎想象。它们的生态学特征和在环境中所扮演的角色也各不相同

作为一个物种，人类已经到了发展历史的关键时刻。我出生的时候，地球上的人口大约有 25 亿。但到了 20 世纪 90 年代初，当我还是一名研究蘑菇和其他真菌的研究生时，地球上的人口已经增加到约 53 亿。而现在（2022 年），这个数字约是 78 亿，预计到 2050 年时地球人口将增至 97 亿。这些滚雪球般增长的数字，凸显了人类在应对全球气候变化以及维持赖以生存的生态系统健康时所要面临的巨大挑战。

毫无疑问，真菌将在这一过程中发挥重要作用，因为（可以说）人类从出现以来（也许还要更早）就开始收集、使用和食用蘑菇及其他真菌了。如今，除了南极洲，人们在其他各大洲的森林中都能采集到野生的蘑菇，而许多种类的蘑菇种植起来也相对容易。不过，最丰富的食用菌是外生菌根真菌，这意味着它们与树根共生。这些真菌从宿主那里持续获得充足的营养，以支持自身的持续繁殖，但世界各地的森林都面临着来自人类的巨大压力，如森林被砍伐、森林生态系统退化等，这对以

树木为宿主的真菌有着直接的影响。

真菌对地球至关重要，但人们几乎没有关注过真菌，尽管真菌的习性和生活方式对大多数人来说几乎是完全陌生的（有些真菌的行为你可能都无法想象）。不过，如果时机合适，而你恰好又在正确的时间点出现在正确的地点，你可能会目睹蘑菇从森林的地面冒出来的神奇时刻。蘑菇可以凭借惊人的力量顶起（地面上的）碎片和障碍物，与平时娇弱的姿态简直"判若两人"。蘑菇的菌盖一个接一个地成熟并打开，在微风的吹拂下释放出无数的孢子。没人知道这些孢子会落在何处，但如果条件和基质合适，生命循环就将重新开始。而蘑菇只是真菌学研究的冰山一角，因为绝大多数真菌仍是人类未知的。产生巨大子实体（即我们所看到的蘑菇）的真菌在所有真菌中只占据很小的一部分。

那么，到底什么是真菌？它们意味着什么？它们对环境有什么作用？

什么是真菌？

各种真菌构成了一个完整的生命王国，与动物界或植物界的成员（不同物种）之间会有较大差异一样，真菌王国的成员之间也是如此。而且真菌获取营养的方式、防御的机制、遗传、繁殖、交流等等，都与大多数人所熟知的动物截然不同。

在科学史的大部分时间里，真菌都被认为是植物。从亚里士多德开始，所有生物根据其是否能移动而被归为植物或动物。我们今天所使用的分类系统，包括界、门、属等分类等级，是卡尔·冯·林奈（Carl von Linné）在 18 世纪提出的。尽管这种分类法更加精确，但真菌的分类并没有发生太大的变化，它们仍然被归为植物。而讽刺的是，随着对地球上所有生命的演化关系不断深入地理解，人们发现与真菌关系最密切的生物体竟然不是植物，而是动物（包括人类）。

如果你在树林里遇到蘑菇，你当然能认出它是蘑菇。同样的，当你拿着一片绿叶，你就知道它来自一种植物。但是，绝大多数真菌其实都不会形成蘑菇，而如果植物体不是绿色的，你还能知道你看到的是什么吗？那么，生物到底如何分类？要回答这样一个基础问题，你得懂一点生物学和生理学。

生物学的第一条规则是：生物是由细胞组成的；细胞是有机体成为生命所需的所有物质的集合，包裹在磷脂分子构成的半透性双层膜内。这一规则虽然看似简单，但并非所有生物学家都认可，因为如果根据这一定义，病毒就不是活的实体了。因此一些科学家提出了不同的观点。

从最简单的角度出发，所有的生命都可以分为原核生物和真核生物。原核生物是原始单细胞生物（包括细菌），它们的细胞内没有具膜的细胞器、没有核膜，其遗传物质是一条环状 DNA 丝。除了细胞膜，有的细菌有坚韧的细胞壁，有的则没有，但也仅此而已。

相比之下，从生理学角度来看，真核生物更具组织性。它们拥有具膜的细胞器（如线粒体和细胞核），以及由 DNA 组成的复杂的染色体。真核生物包括单细胞原生生物、

❣ 蛹虫草（*Cordyceps militaris*）的培育

植物、动物和真菌。

　　真菌能从所有你想象得到的异养方式中获取能量，有些甚至是你想都想不到的。也许大多数真菌都是寄生菌，而且可能所有植物体内都有物种特异性真菌病原体，比如许多农作物品种便都有特定的真菌病原体。其他真菌中有的是腐生菌（从腐烂的有机物中获得营养），还有一些真菌则是其他生物的共生体，尤其是植物。还有少数真菌是肉食性的，它们捕杀动物作为氮的来源。

　　不过，所有真菌都有一个共同点，即具有以几丁质（又称甲壳质）为主要成分的细胞壁，几丁质赋予了真菌体强度和柔韧性。几丁质与植物体中的纤维素有点类似，不过几丁质是一种长链的多糖分子，糖类通过不同的特定化学键连接。除了真菌，昆虫和其他节肢动物的外骨骼中也含有几丁质；与真菌关系最密切的原生生物的细胞壁中也有几丁质。

　　分解几丁质需要几丁质酶，而人体不产生这种酶。所以有一种常见的误解认为，由于真菌是由几丁质组成的，所以（对人类来说）真菌不易消化，也没有营养。虽然几丁质（或植物纤维素）确实没什么营养，但真菌和植物的细胞内还有许多其他营养物质；此外，当人们食用蘑菇和其他真菌时，摄入的几丁质会以膳食纤维的形式通过肠道，这与我们摄取植物纤维素的情形几乎一样，虽然人体不能消化，但它们在人们的饮食中是有益的。

<< 红星头鬼笔（*Aseroë rubra*）这样的鬼笔菌看起来像某种外星生命，但它们在产孢时高度专性，还会用与植物引诱昆虫授粉相似的方式吸引昆虫前来帮忙

>> 真菌并不总是昆虫的共生体。球孢白僵菌（*Beauveria bassiana*）和罗伯茨绿僵菌（*Metarhizium robertsii*）是昆虫病原真菌，它们会杀死昆虫。如图所示，中间那只是未被感染的红棕象甲（*Rhynchophorus ferrugineus*），其余则是被这两种真菌感染后的红棕象甲

⋏ 蘑菇通常呈现出美丽的形态，有
时还会与其他生物类似，比如图中珊
瑚菌科的密枝瑚菌（*Ramaria stricta*）

类型与功能

　　不同真菌的繁殖结构在大小、形状和颜
色上非常多样，但子实体大到能被称为蘑菇
的只有子囊菌和担子菌。根据子实体的形状
不同，可以对真菌进行分类，常见的有：带
有褶、孔、管、齿或刺的子实体（如伞菌，
包括牛肝菌）；有孔或褶的架子状子实体（多
孔菌）；鸟巢状和杯状的真菌；马勃及长得
像马勃的真菌；果冻状的胶质菌；珊瑚状和
棒状的真菌；块菌和块菌状的真菌。

　　对于形状相似的不同子实体，真菌学家
们可能会被误导，从而在分类方案上产生分
歧。作为趋同进化的"美妙"结果，子囊菌
和担子菌的特征物种会产生形状相似的子实
体（蘑菇），如杯状、棒状或块状；而且同
一个门下的真菌也会具有相似的外形，如担
子菌门中不只有多孔菌能产生架子状的子实
体，其他几个目下的真菌也能产生这样的子
实体。正是环境和自然选择促使生物体形成
最适合自己生存环境的样子，这就是为什么
在干旱的环境中，有多种担子菌都能够产生
块状的子实体（如块菌）的原因。

多样的繁殖形式

真菌和类真菌生物会产生大小、形状和颜色各异的繁殖结构。常见的是具褶、孔、管、齿或刺；也有具孔或褶的架子状；有杯状、珊瑚状或棒状；无定形渗出状或胶状；或者像球一样的圆形和球形。许多微小的霉菌根本不形成子实体，只是通过分枝菌丝产生孢子。

鸡油菌

剖面

假羊肚菌

剖面

羊肚菌

剖面

地星

鬼笔菌

剖面

马勃

剖面

牛肝菌

单分生孢子梗

单分生孢子梗

黏菌

盘菌

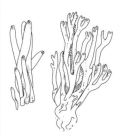

珊瑚菌

伞菌

齿菌

多孔菌

真菌的化石记录

　　虽然柔软的肉质真菌不能很好地形成化石，但人们还是找到了真菌的化石记录。毫无疑问，第一批真菌起源于水中，就像地球上最早的生命一样。根据化石记录，真菌可能在9亿～5.7亿年前的晚元古代就已出现，甚至可能更早。最古老的类真菌微体化石是在维多利亚岛的页岩中发现的，距今有8.5亿～14亿年的历史，但这些化石是否是真菌还没有定论。不管确切的时间是何时，人们似乎已达成共识，即真菌可能比第一批陆生植物（约7亿年前）更早登陆，并为植物从海洋环境迁移到更干燥的栖息地铺平了道路。

　　人们在化石记录中看到的第一个"地衣样"生物体可追溯到约6亿年前。在约5.5亿年前，壶菌与高等真菌从一个共同的祖先分化出来。第一批可识别分类的真菌出现在距今4.6亿年前，与现代的球囊菌门（Glomeromycota）相似。大约4亿年前，担子菌门（Basidiomycota）和子囊菌门（Ascomycota）从一个共同的祖先分化出来。最早的昆虫出现在4亿年前左右；最早的甲虫和苍蝇则可追溯到约2.45亿年前。

　　我们对许多已不复存在的真菌的了解均来自从琥珀（石化的天然植物树脂）中发现的标本。植物树脂的防腐特性使琥珀成为一种可以保存真菌等细微物体的介质，它甚至能保存死去真菌的所有细枝末节。树脂不仅能阻止空气进入，还能吸收所包裹的有机体组织中的水分，从而使有机体惰性脱水。此外，树脂含有抗菌化合物，可以杀死任何可能分解有机物的微生物，所以天然能对被困住的物体进行"防腐处理"。得益于树脂的这些特性，一些新生代和白垩纪时期的琥珀中保存了完好的蘑菇化石。最古老的蘑菇是 *Palaeoagaracites antiquus*（约 1 亿年前），与现今的口蘑科（Tricholomataceae）物种类似。而其他种类的蘑菇化石，如 *Archaeomarasmius legettii*（0.9 亿年前）、*Protomycena electra*（0.2 亿年前）和 *Coprinites dominicana*（0.2 亿年前），看起来都很像今天我们能在树林 [1] 里找到的蘑菇。

人们相信，随着植物开始在陆地栖息，真菌与高等植物根系之间的共生关系（菌根）在 4 亿年前就已经出现了。这一共生关系被视为维管植物演化过程中的一个重要创新。最近，人们发现了第一个与开花植物（被子植物）有关的外生菌根真菌化石，这些化石是在约 5200 万年前的一块印度琥珀中发现的，当时恐龙已灭绝约 1300 万年。菌根在化石记录中极为罕见。

分类与分类学

在撰写本书时，已命名的真菌约有 10 万种，但据估计，真菌的种类可能超过 150

<< 正如文中所述，琥珀完美地保存了被其捕获的生物。虽然已知的蘑菇化石极其稀少，但在琥珀中经常发现以真菌为食的生物，比如图中这种食菌蝇

>> 已知最古老的真菌化石是 10 亿～9 亿年前形成的 *Ourasphaira giraldae* 的化石，发现于加拿大西北地区的页岩中。尽管年代久远，但这些化石保得很好。真菌的孢子清晰可见，长度不到 0.1 毫米，通过纤细的分枝菌丝彼此连接

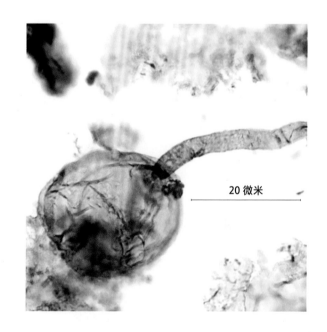

20 微米

1　这里列举的三种蘑菇化石均发现于美国，所以作者提到的"树林"是指美国的树林。（译者注，下同）

万种，这意味着绝大多数真菌还有待发现和描述。之所以有如此多真菌未被发现，是因为它们过于"隐蔽"：大多数真菌太过微小，很难被发现；那些未被培养的真菌往往也都是未知的。而人们之所以发现了许多肉眼看不见的真菌，都是因为它们把 DNA 留在了土壤或其他基质中。

真菌的主要类群是根据其有性繁殖结构的特征进行分类的，如今真菌仍被分为四类：壶菌门（Chytridiomycota）、接合菌门（Zygomycota）、担子菌门和子囊菌门。虽然这样分类过于简化，但在理解"真菌是什么"以及"它们如何繁殖"时，这种分类方案是非常适用的。

最新的分类方案将真菌分到了其他类别（或门）中，但并非所有科学家都同意其中某些奇怪的分类体系。"门"的学名首字母都是大写的，而接合菌门则通常会标上引号，因为这是一类由人工培育且非单系群的真菌。在这些类群中，担子菌门和子囊菌门的真菌被统称为"高等真菌"。除了真菌学家，大多数人都只熟悉担子菌中体型较大且色彩艳丽的真菌和少数子囊菌。

但是，如果真菌是根据有性繁殖的方式来分类的（有性型或"有性"生命周期阶段），那么无性繁殖（无性型或"无性"生命周期阶段）的真菌怎么分类？许多真菌只被称为无性型，而其中一些会对经济产生很大影响——比如破坏农作物，使人们储存的食物腐烂，或引起农作物真菌病。这样的真菌让分类学家非常头疼，因为他们的工作就是要为这些真菌命名，过去的分类学家并不考虑这些无性型真菌的演化关系，而只是将其简单地归为一大类——半知菌类（deuteromycetes 或 *fungi imperfecti*）。不过，最近的 DNA 序列分析使得研究人员无须先在培养皿中培养出有性孢子，就能够直接确定任何真菌的有性型状态及其有性型名称。

对一些半知菌的 DNA 序列分析也带来了一些惊喜。就曲霉属（*Aspergillus*）真菌而

<< 小平菇（侧耳属真菌，*Pleurotus*）是一种非常受欢迎的烹饪蘑菇，易于栽培

真菌系统发育

现代分类学将真菌分为壶菌门、球囊菌门、担子菌门和子囊菌门，多系的"接合菌门"正慢慢被拆分；同时还指出了每个真菌类群以及具有运动能力的真菌的生态学特征。

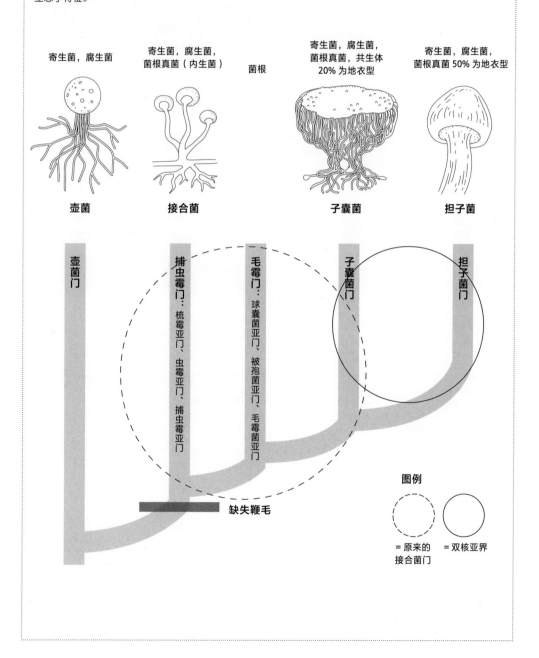

寄生菌，腐生菌

寄生菌，腐生菌，菌根真菌（内生菌）

菌根

寄生菌，腐生菌，菌根真菌，共生体 20% 为地衣型

寄生菌，腐生菌，菌根真菌 50% 为地衣型

壶菌　　　接合菌　　　　　　子囊菌　　　　担子菌

壶菌门

捕虫霉门：梳霉亚门、虫霉亚门、捕虫霉亚门

毛霉门：球囊菌亚门、被孢菌亚门、毛霉菌亚门

子囊菌门

担子菌门

缺失鞭毛

图例

= 原来的接合菌门

= 双核亚界

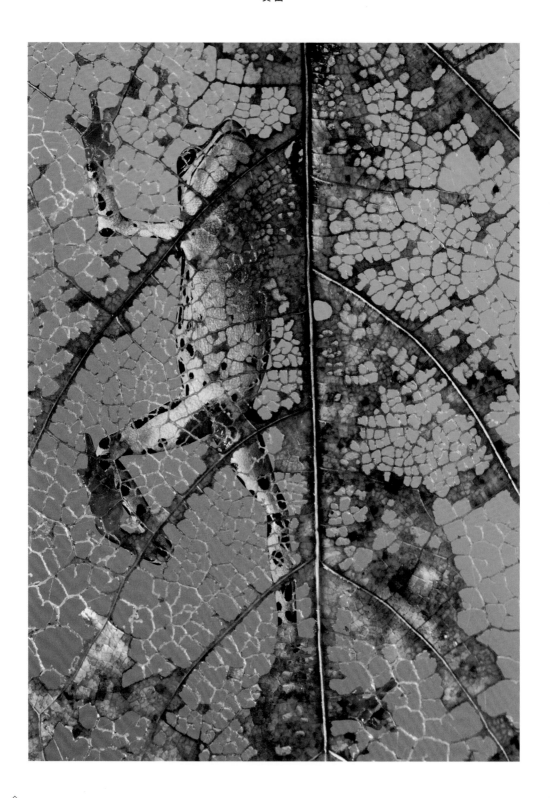

<< 壶菌是两栖动物中臭名昭著的病原体。图中是在厄瓜多尔拍到的一只被壶菌感染的斑足蟾（*Atelopus spumarius*）正爬过一片叶子

>> 一些最奇怪和最鲜为人知的真菌是微孢子虫，图中所示是通过透射电子显微镜（TEM）彩色增强技术后放大了58 000倍的微孢子虫。微孢子虫完全生活在宿主细胞内，在生理和基因上都已高度简化

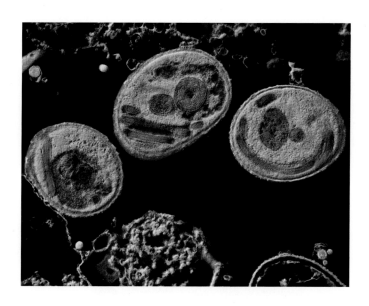

言（人们在几十年前就已经认识曲霉），已经证实有超过300种曲霉具有不少于11种有性型属。这（与以前的认识）是有矛盾的，因为"曲霉"是一个无性型名称。考虑到如果将已被广泛认可的无性型名称修改为有性型名称会引发一系列令人头疼的问题，科学家们在2012年改变了真菌的命名规则，即允许继续使用已经确定的无性型名称。因此，一些曲霉属物种都保留了无性型名称，包括会产生臭名昭著的真菌毒素的黄曲霉（*A. flavus*）、寄生曲霉（*A. parasiticus*）和赭曲霉（*A. ochraceus*）等；而一些已经使用了有性型名称的真菌，如散囊菌属（*Eurotium*）、裸胞壳属（*Emericella*）和新萨托菌属（*Neosartorya*）等已确定的有性型属，则仍使用有性型名称。

在我们开始讨论"真正的"真菌之前，必须先提一下最新（发现）的一组真菌：微孢子虫（Microsporidia）。在2006年以前，这群奇怪的微生物一直被认为是原生生物，现在却被认为是极其简单的原始真菌，或者是真菌的近亲，但还需要进一步分析来确认这些微生物的演化关系。不过，你不可能在森林探险时发现微孢子虫，因为微孢子虫是非常微小的单细胞动物寄生菌（其中大多数寄生于昆虫，只有少数寄生于人类）。微孢子虫的整个生命周期，包括繁殖阶段，都发生在宿主的细胞内。如果它们来自真正的真菌"祖先"，那它们就是在很久以前便放弃了菌丝生长，而以内共生体的形式生存。微孢子虫是已知最小的真核生物，拥有最少的真核基因组。

微孢子虫是最新发现的真菌类群，而在这之前的很长一段时间，壶菌被认为是最原始的"真"真菌。在世界各地发现的大多数壶菌都是腐生菌，均以分解有机物为生，

<< 一些子囊菌能形成五颜六色的杯状蘑菇，比如图中美丽的绯红肉杯菌（*Sarcoscypha coccinea*）

>> 19世纪，德国博物学家恩斯特·海克尔（Ernst Haeckel）研究并描绘了许多动物，但也有一些真菌给他留下了深刻的印象，尤其是艳丽的担子菌

也有一些壶菌是动物或植物的寄生菌（后文将提到，壶菌与全球两栖动物的死亡事件有关）。壶菌是唯一能运动的真菌，会产生由鞭状鞭毛推动的游动孢子；在真菌的演化树上，在壶菌之前的所有真菌都是不可移动的。

接合菌类真菌则通常是一群混合的真菌，因都具有无隔菌丝而被归到一类。包括著名的匍枝根霉（*Rhizopus stolonifer*，又称为黑面包霉）和水玉霉属（*Pilobolus*）真菌，后者能将孢子喷射到很远的距离。

球囊菌目（Glomeralean，也作Glomalean）曾经属于接合菌类，但现在已被独立出来，即球囊菌门。这些真菌鲜为人知，因为很少有人见到或培养过它们。球囊菌极少有（如果有的话）有性繁殖；没有明显的子实体；

有些形成无性孢子簇……此外我们还知道，球囊菌是大多数植物的共生体，因此它们很可能是地球上所有生命真正的操纵者。

在所有真菌中，最后分化出来的是担子菌和子囊菌，它们有着共同的祖先。担子菌包括人们熟悉的大多数蘑菇，它们在棒状的产孢结构（被称为"担子"）上产生有性孢子（被称为"担孢子"）。而子囊菌则是在被称为"子囊"的特殊囊状结构中产生有性孢子。子囊菌是最大的真菌类群，包括羊肚菌、块菌和酵母菌。

担子菌和子囊菌都是通过有隔菌丝生长的（而有些成员跟单细胞酵母菌一样可以无性繁殖），它们以腐生菌、寄生菌或共生体的形式生存。

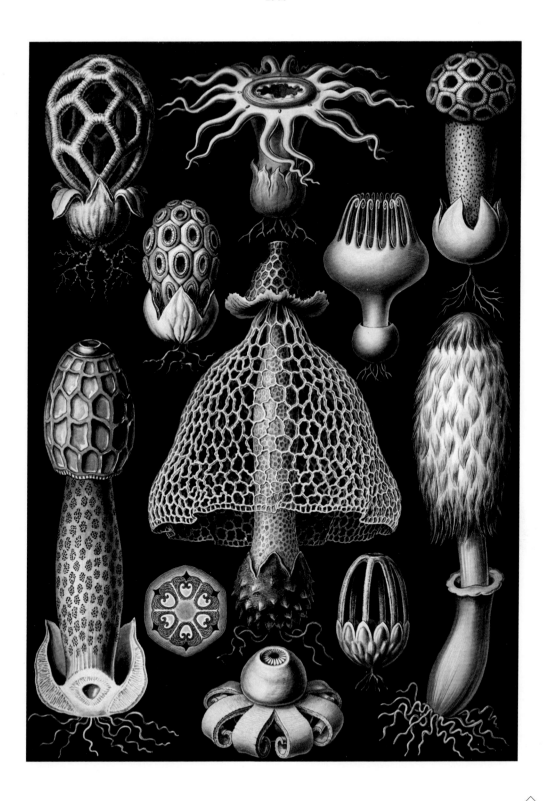

真菌病原体

今天地球上的许多——也许是大多数——真菌都是病原体。但与所有生命一样，真菌也有自己的寄生生物和病原体。事实上，很多真菌是其他真菌的寄生生物。例如常见的胶质菌——银耳属的橙黄银耳（*Tremella mesenterica*），长期以来被认为是生活在腐木上的一种腐生菌，因为它经常生长在韧革菌属的扁韧革菌（*Stereum ostrea*）附近，而后者就是一种腐生菌。但事实证明，橙黄银耳是诸如韧革菌属和隔孢伏革菌属等真菌的寄生菌。

与动物一样，真菌也可能受到病毒、类病毒病原体甚至朊病毒的侵害。（科学家通过研究感染酵母菌的朊病毒，以更好地了解朊病毒如何导致哺乳动物生病，如人类的库鲁病、羊瘙痒病、牛海绵状脑病以及鹿的慢性消瘦病等。）病毒在真菌中很常见，比如一种食用菌病害——拉弗朗斯病，会给养殖食用菌的商业化农场带来严重的经济损失。真菌病毒是持久性的，已知的传播方式是融合和孢子。由于融合只发生在同一真菌物种（通常是同一菌株）之间，所以这种传播方式不会将病毒传到新物种上。

<< 橙黄银耳常见于枯木上，所以通常被认为是一种腐生菌。实际上，这种真菌是生长在腐木中的其他真菌的寄生菌

↗ 许多不同的共生生物一起生长。每一种地衣都由若干种生物组成，包括真菌和共生光合生物

在大多数情况下，病毒在真菌生命中所起的作用尚不清楚。然而，在一些植物致病真菌中，病毒可以通过降低真菌病理学的影响而充当植物的共生体。人们在这方面研究得最透彻的是栗疫病，这是一种由栗疫病菌（Cryphonectria parasitica）引起的栗属植物病害。当栗疫病菌携带低毒病毒（Cryphonectria hypovirus，简称 CHV1）时，其在植物上的病理学作用将大大降低。因此，人们希望通过这种方法使曾经覆盖北美洲东部大部分地区的栗树林恢复生机。在植物病原体中也发现了其他低毒病毒的例子，其中包括榆树荷兰病的病原体——榆长喙壳（Ophiostoma ulmi）。

尽管这些病毒不是真菌宿主的共生体，但它们能对寄生了真菌病原体的植物有益。在美国的黄石国家公园，渐尖二型花（Dichanthelium acuminatum，一种草本植物）能生长在温度大于 50℃的地热土壤中，是因为其真菌内生菌——管突弯孢霉（Curvularia protuberata）感染了弯孢菌耐热病毒。这就是一种三方互利的共生关系：植物没有真菌就无法生存，而真菌必须感染耐热病毒，才能让植物具有耐热性。真菌病毒是这种共生关系中的专性伙伴。

未来与真菌

　　成为一名科学家是一件令人兴奋的事。
尽管人们发现了很多关于地球健康状况的令
人沮丧的坏消息，但不幸中的万幸是，正是
因为科学技术的高度发展，人们已经看到并
认识到了这一点，并通过建模、预测采取措
施（或不采取措施）来改变人类发展进程的
结果，科学家也能更好地理解复杂的生态系
统是如何运转的。我们现在能够在生命消失
之前就清点它们——其中就包括那些我们看
不到的生命。

　　因此，如今生活在地球上的所有人类，
很可能都是漫长的人类历史中最关键时刻的
见证者，我们的决定将极大地影响人类和整
个地球的未来。然而，这一挑战并非只有我
们孤独面对：生态系统中的所有生命都是相
互关联、互为因果的。支撑这些联系的是真
菌，它们中的一些是重要的分解者，一些是
病原体，还有一些是共生体。所以，准备好，
你将进入一个与你所熟悉的截然不同的世
界：（大部分）隐藏的真菌世界。

　　真菌学家（研究真菌的人）都有专门的
术语来描述真菌及其形态特征。虽然阅读本
书不要求任何科学背景，但科学术语在任何
关于自然历史和生物的文字中都是不可避免
的。不过别担心，本书最后的术语表会对所
使用的术语进行解释。

REPRODUCTION

繁　殖

孢子的释放

　　大多数关于真菌孢子释放的描述会让人相信这是一个被动的过程：孢子会随着气流从子实体中飘散出去。孢子一旦进入气柱，其飘散的过程自然会受到气流的影响，但它们最初并不是被动释放的。实际上，许多真菌的孢子释放算是一种壮观的爆炸事件。

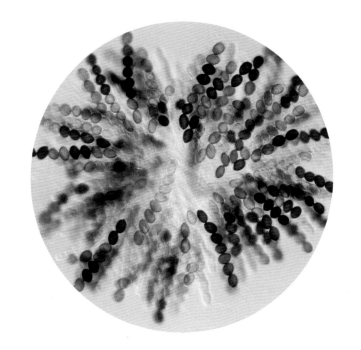

<< 菌如其名，常见的梨形马勃（Ly-coperdon pyriforme）在被雨滴砸中时会散发出阵阵孢子"烟雾"。孢子落在潮湿的木屑上，继而萌发，开始它的新生

>> 大孢粪壳菌（Sordaria macrospo-ra）是一种子囊菌，子实体非常小，有点像马勃。但其孢子是在管状的子囊中产生的，释放原理与喷枪类似

大多数已知的产孢真菌都是子囊菌或担子菌。每种菌都有自己独特的释放孢子的方式，而其孢子的释放过程中有一些有趣的变化很值得探讨。在产孢真菌中，产生孢子的表面（子实层）在形成时通常会尽可能地增大表面积、增加产孢量，因此，子实体可能是卷曲的、有棱的、凸纹的、覆盖有管状物的、有分枝的……（但也有的子实体只是一根光滑的棒状物。）

子囊菌

在子囊菌中，有一类子囊菌孢子的释放方式通常被喻为喷枪。在这类子囊菌中，孢子形成于一个被称为"子囊"的细长的囊状结构中。在一些杯状蘑菇中，如羊肚菌属（Morchella）、马鞍菌属（Helvella）或绿杯盘菌属（Chlorociboria），子囊排列在子实层表面；而在其他物种中，如虫草属（Cordyceps）、麦角菌属（Claviceps）和炭角菌属（Xylaria）等，子囊则隐藏在真菌内部的腔室中。

随着子实体成熟，液体流入子囊，使其膨胀。子囊内的压力逐渐增大，最终，子囊顶端破裂，孢子被排出。对于一些大型的杯状真菌，孢子的释放可能是喷发式的，人们不仅很容易就能看到，有时还能听到。一旦子实层成熟，子囊就准备"发射"孢子了，一次轻微的空气扰动可能就会让所有孢子同时喷出。所以，当你对着一个精心挑选的子囊表面吹气，然后……砰！就连最严重的真菌恐惧症患者也一定会对此惊喜不已！

担子菌

担子菌的孢子释放方式不同寻常，被称为"孢子弹射"，或许用"表面张力弹射"来形容更为贴切，因为它们的孢子的释放是弹射式的（这样的孢子被称为"掷孢子"）。孢子产生于子实体的菌盖上，如菌褶的表面，或牛肝菌和多孔菌的管壁上。排列在子实层表面的是分化后的菌丝尖端，被称为"担子"，在每个棒状的担子上都有被称为"小梗"的

结构，孢子将在其中发育。

担子菌孢子弹射的关键是产生一种被称为"布勒液滴"的物质。首先，小梗处会释放少量糖类吸湿液体，如甘露醇。其次，空气中的水分凝结在这种液体上并覆盖在孢子表面，在孢子表面形成一层液膜。最后，在小梗处凝结成液滴——布勒液滴。随着液滴不断增大，当其达到临界大小时，接触孢子表面的液膜会与之结合。此时，孢子表面的

蘑菇的解剖结构

虽然看起来很简单，但蘑菇有着令人惊叹的工程学结构。细长的柄支撑着伞盖，以便孢子释放到空气中。在伞盖下有很多菌褶，能大大增加子实层的表面积。菌褶上覆盖着能产生大量孢子的担子。

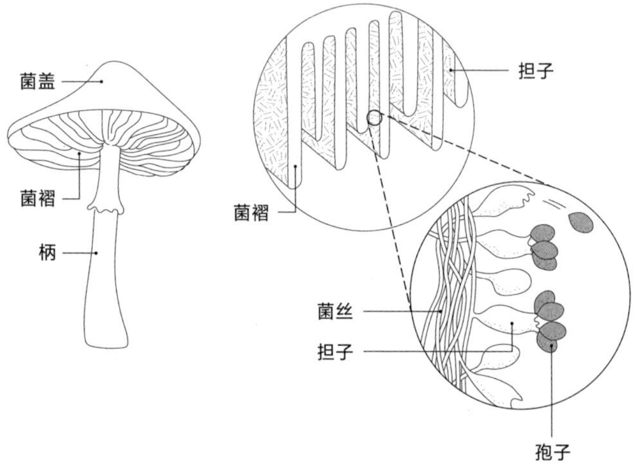

担子菌孢子释放

图中所示是孢子弹射的过程。

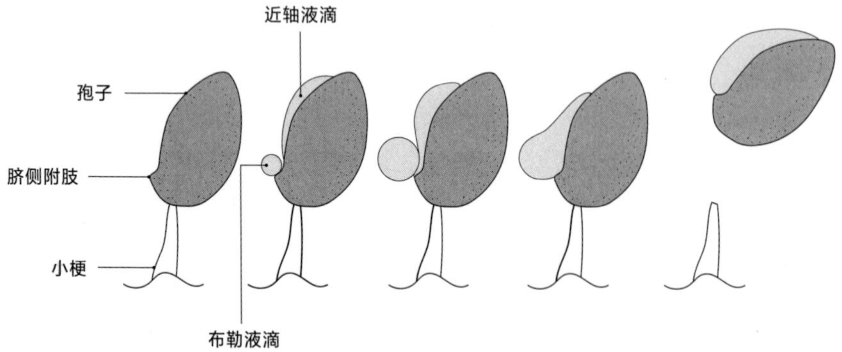

孢子、近轴液滴、脐侧附肢、小梗、布勒液滴

菌盖、菌褶、柄、担子、菌丝、担子、孢子

· 真菌 ·

28

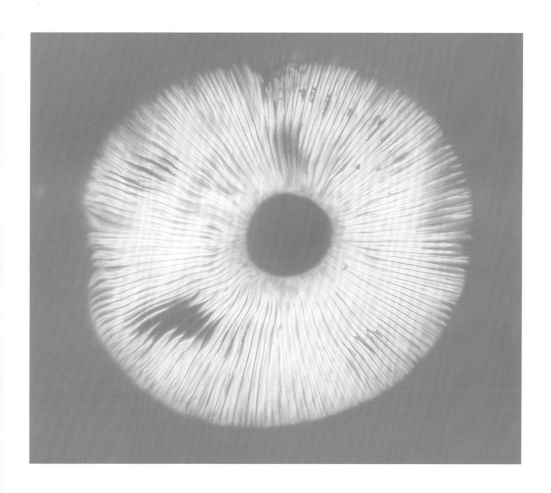

张力迅速将液滴"拉"到孢子上，液滴破碎，产生的能量转化为动能，使孢子从子实层表面分离。正是在这种动能的作用下，孢子从担子上"炸"开，随后，孢子的速度开始减慢，再加上（空气的）阻力，孢子飞行的距离其实很短。接着，重力逐渐占据主导，孢子开始下落并被气流带走。

担子菌孢子弹射的关键是布勒液滴，它是以英裔加拿大真菌学家雷金纳德·布勒（Reginald Buller）的名字命名的。虽然布勒

液滴的形成需要空气中的水分，但过多的水会破坏这一过程。因此许多担子菌的子实体呈伞形，以保护子实层不受雨水影响。其他许多真菌则将子实层完全包裹在子实体中，如马勃和块菌，这也是为什么我们通常找不到水生球状蕈菌的原因。但有一个奇怪的例子，我们将在后文中详细提到。

↗ 尽管孢子很微小，但如果将一个菌盖切下并放置在一个平面上，孢子可以在菌盖下大量堆积，一个晚上后，就能在平面上形成孢子印

重力效应

　　许多蘑菇在被摘下后，仍可以持续释放孢子数小时甚至数天。只要保持子实体的新鲜，不管是从森林采的，还是在市场上买到的，蘑菇的细胞仍能保持活性。一些带柄的蘑菇（尤其是鹅膏菌）还会继续生长，甚至向上弯曲。只有菌盖与地面保持平行时，孢子才会释放；而孢子进入气柱时高度越高，就越容易被气流带走。真菌的这种生长变化是其对重力的直接反应，这一过程被称为"向重力性"（又称"向地性"）。（与之相似的是，植物表现出向光性，即植物向着阳光的方向弯曲，以便让叶子表面更高效地接收太阳能量。）

　　真菌的子实层（褶状、管状或齿状）垂直于菌盖生长，表现出正向重力性（即朝着重力作用的方向向下生长）。如果改变菌盖的角度，使之与地面不平行，真菌会继续伸长、弯曲，直到菌盖与子实层再次相互垂直。在树干生长的层孔菌也表现出类似的现象：如果其赖以生存的树的方向改变（比如原本直立的树倒下了），新长出来的蘑菇（菌盖）仍会与地面保持平行。真菌的向重力性可以确保孢子从菌褶（或菌管）的表面喷出后径直落下，而不会落在相邻的菌褶上。

<< 火菇属真菌（*Flammulina* sp.）从木质基质中暴发并释放孢子

>> 木蹄层孔菌（*Fomes fomentarius*）的马蹄形子实体

真菌如何"向上"生长

真菌"向上"生长的机制令人着迷。真菌的向重力性与植物的向光性类似。对植物来说，植物茎接受最多光能的一侧会向"暗侧"发送植物激素信号（被称为"生长素"），从而引起"暗侧"细胞的细胞壁发生生理变化："暗侧"的细胞会释放一种"扩张蛋白"，扩张蛋白能够部分分解及削弱"暗侧"细胞的细胞壁，使细胞壁松弛并扩张；离光越远的细胞接收的生长素越多，扩张程度也越大，因此植物不同部位的生长力也不同。结果就是，植物会向着光的方向弯曲。而向光弯曲能让植物上部的叶片更有效地接收光能。

真菌的向重力性原理与此类似，但时至今日，人们对其仍知之甚少。研究者利用成熟的火菇属真菌进行细致的嫁接试验，以测试向重力性对真菌的影响。之所以选择火菇，是因为其茎长且易于栽培（这些真菌在亚洲的市场上很常见）。真菌对重力作用最敏感的部分是柄尖，这是经过对菌盖和柄的仔细研究后发现的。试验过程中，当火菇的子实体开始发育时，就将菌盖移除，替换（嫁接）为其他菌盖或带柄尖的菌盖（有时则将柄倒置）。各种嫁接物的试验表明，菌丝代谢物通过柄的活菌丝"向上运输"，从而导致柄在重力作用下弯曲。

尽管还不能完全确定这些代谢产物是如何发生作用的，但它们似乎是重力的信号。

真菌感应重力的原理可能与人类内耳深处的耳石器官系统相似。我们保持平衡，知道哪条路是向上和向下的，是因为我们的内耳器官中含有一种液体，其中充满被称为耳石的微小石头状颗粒（它们确实是石头，主要由碳酸钙和蛋白质组成），这些颗粒会与耳石器官内部的细小毛发发生摩擦。大多数时候，颗粒是均匀沉降的，告诉我们向下的方向，但如果我们像雪球一样旋转或摇晃，这些颗粒会四处移动，给人一种迷失方向的感觉，甚至产生眩晕。这可能与真菌细胞感知重力的方式相似。

在菌丝细胞内，细胞核可能起着真菌"耳石"的作用：它们在细胞内的沉降是对重力方向的反应，能告诉真菌细胞向上的方向。细胞核被组成细胞骨架的肌动蛋白丝所缠绕，当细胞核沉降时，会拉扯肌动蛋白丝，而肌动蛋白丝又会拉扯其附着点的细胞壁，这种拉力能触发细胞对重力的反应：在细胞感受重力的一边，微泡[1]开始填充和膨胀，液泡膨胀，整个过程导致菌丝细胞膨胀。所以，你一大早采摘的蘑菇，即便过了几个小时，其柄仍会继续向着与重力相反的方向弯曲。

重力、温度和湿度是影响真菌生长的非生物因素，信不信由你，可能光线也是其中之一。虽然大多数人怀疑真菌的生长不需要光线，但事实上，有许多真菌都表现出向光性。香菇（Lentinula edodes）的种植者都知

---

1 Microvesicle，指代整个细胞，把其看成微型容器或载体，里面含有细胞核等细胞器。

真菌的向性

真菌的柄在重力作用下弯曲,导致菌
盖保持水平状态,孢子被释放出来,
从菌盖下的菌褶中直接下落。

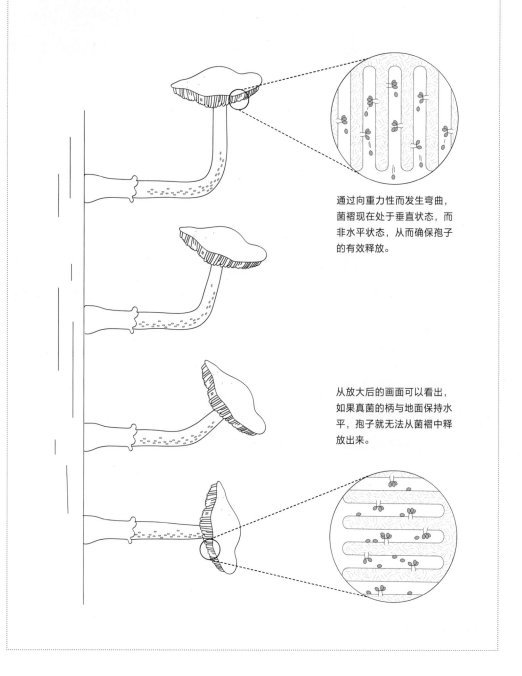

通过向重力性而发生弯曲,
菌褶现在处于垂直状态,而
非水平状态,从而确保孢子
的有效释放。

从放大后的画面可以看出,
如果真菌的柄与地面保持水
平,孢子就无法从菌褶中释
放出来。

从木质基质中长出的冬生多孔菌

道，在没有光照的情况下根本长不出香菇。常见的柄状多孔菌——冬生多孔菌（*Polyporus brumalis*）会向着光的方向生长。在缺乏光照的情况下，许多蘑菇无法形成菌盖，或产生畸形的子实体，这可能是真菌在演化过程中的一种保护措施。也就是说，如果真菌的菌丝无法从腐烂的树皮下、其他碎屑或基质中"钻"出来，真菌就不会再浪费"精力"来长出不能有效释放孢子的子实体。

腹菌

并非所有担子菌都能弹射孢子，腹菌类

栽培的香菇

（包括鬼笔菌、马勃菌和鸟巢菌）需要依靠风或水（或者是恰到好处的踢打）来释放孢子。然而，当大多数马勃菌通过子实体顶部的一个洞（即孔口）喷出孢子时，脱顶马勃属（*Disciseda*）的真菌却不走寻常路。这种奇怪的真菌在生长时是上下颠倒的，其较重的

底部外壳上面沾满了泥土和碎屑（最初位于顶部），而孔口或孢子的出口孔位于底部。

　　在发育过程中，脱顶马勃菌被部分掩埋在土壤中，且其与周围土壤的接触并不紧实。随着发育成熟，它会变干并收缩，与土壤的接触面变得更加松散，最终，它会在风或雨的作

用下滚离原地。由于其底部最重，所以在滚动过程中，原本位于底部的孔口就会转移到朝上的位置，从而释放孢子。

在澳大利亚、欧洲和北美洲干燥裸露的平原上可以找到脱顶马勃菌，因为这些栖息地上常有食草的哺乳动物出没，所以有人推测，脱顶马勃菌被经过的动物踢到或踩到后孢子得以传播。事实上，我每每看到这些奇怪的蘑菇总是沿着牛羊走过的小路生长。

可爱的小鸟巢菌是一种在世界各地都能找到的腹菌，其子实体呈杯状，像巢一样，里面还有一些"卵"，这些"卵"就是其产生孢子的小包（鸟巢菌的产孢腔）。雨滴打在子实体上，会把"卵"溅到几十厘米甚至几米远的地方，"卵"最终粘在树叶或树枝上。许多鸟巢菌专门分解森林树冠层的枯枝和树枝，但你肯定会好奇，它们怎么确保自己能一直待在那里呢，雨水应该会把所有小包都冲下来吧……秘密在于，这些鸟巢菌已经演化出一条非常细的菌丝，被称为"菌丝索"，菌丝索缠绕在小包上，当小包从子实体中溅出时，菌丝索就像小包的锚一样，黏附在它接触到的第一根树枝上，进而将小包紧紧固定其上。

飞溅式孢子释放

鸟巢菌是分解者，它在卵一样的小包（A）中产生孢子，小包从杯状的子实体中飞溅出来。小包的后面拖拽着一个小锚一样的菌丝索（B），菌丝索会挂住附近的植物（C）。孢子在这里萌发并开始下一代的生活（D）。

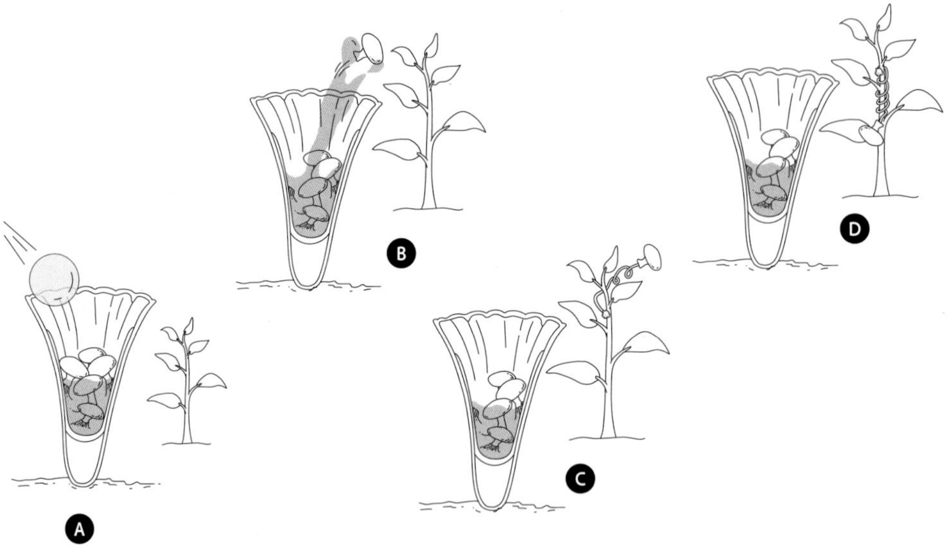

此外还有一些真菌在释放孢子时干脆连整个小包都一起释放出去。比如，一些粪生真菌的小包具有抗性，可以使其安然地通过食草动物的消化系统，并与其基质（动物的粪便）一起被动物排出体外。但是，在粪便中生长的真菌是如何将其孢子传播到另一种反刍动物体内的呢？对于牛这样的食草动物，孢子的传播并不容易，因为牛以躲避彼此的粪便而闻名，牧场中也因此会存在一片"厌恶区"（zones of repugnance），即紧邻牛粪的茂盛草地。

粪生真菌对此的解决办法，是将繁殖体迎着光照的方向发射到足够远的地方，远离"厌恶区"。水玉霉属（*Pilobolus*）真菌能将繁殖体水平发射到 2.5 米远的地方！孢子的释放都发生在白天，拥有黑色外壳的小包能够保护其内部的孢子免受光线的伤害。

ᐱ 乳白蛋巢菌（*Crucibulum laeve*）微小的小包看起来就像鸟巢中的卵，它们已经蓄势待发，等待着雨滴的到来

动物传播

借助风力传播是真菌孢子扩散的主要方式之一，但动物介导的传播（动物传播）也起着关键的作用。不过人们对动物传播真菌孢子的方式知之甚少，因为在数万种已知的真菌中，只有大约 1% 的物种的孢子扩散与动物有关。随着时间的推移，我们对此的了解肯定会不断加深，也许还能揭示一些能够支撑整个生态系统的关联。

对于像块菌这样在地下生长子实体的地下真菌，几乎都需要依靠动物来协助其传播孢子，而食菌动物对真菌的食用也可能是植物根部的丛枝菌根（一种内生菌根）重要的传播方式之一。

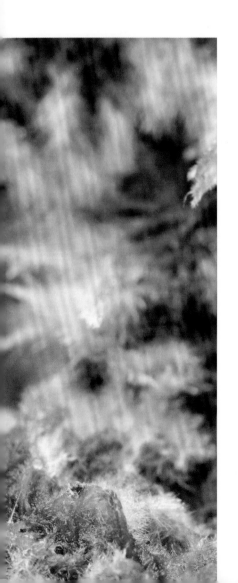

❧ 四斑出尾蕈甲（*Scaphidium quadrimaculatum*）以菌丝和蘑菇为食，它无疑会将真菌的孢子运送到新的基质上

我们知道，有很多哺乳动物（包括啮齿类、鹿、野猪和灵长类等）都会食用地下块菌及块菌状真菌；而乌龟既会食用地上的真菌，也会食用地下的真菌。澳大利亚的大型真菌多为块菌和块菌状真菌，小型哺乳动物毫无疑问对当地真菌的多样性起到至关重要的作用。而在新西兰，鸟类是食物链中的顶级捕食者，森林里地下真菌产生的子实体对鸟类来说就像是躺在地面上的浆果。在多种案例中，哺乳动物不仅取食真菌使其孢子得以传播，其消化过程还会提高孢子的存活率。

真菌孢子被动物摄入并随粪便排出的传播过程被称为"体内扩散"，以动物为载体的外部传播被称为"体表扩散"。比如，昆虫在无意撞击霉菌或子实体后会带走一些孢子；昆虫或鸟类的取食行为可以使酵母菌在水果之间或花朵之间传播；还有许多真菌已经有了精心的策略，可以引诱动物主动传播。

其中最为人所知的是鬼笔目真菌，它们会产生能吸引食腐蝇的腐臭气味。味道甜美（据说）的孢子团组织被食腐蝇舔舐后就黏在其身上，随后孢子便能被食腐蝇转移到其他适合的基质上，如粪便或腐烂的植物。有证据表明，活的孢子甚至可以通过这些食腐蝇的消化道。

所有大型蘑菇都对菌食性（以真菌为食）蝇类和其他节肢动物具有吸引力，如果你吃野生的蘑菇，可能会看到（甚至吃掉！）它们的幼虫。奇怪的是，真菌并没有像植物一样演化出拒食性毒素，实际上，有证据表明，

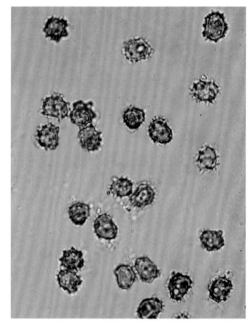

节肢动物食用真菌（组织和孢子）有助于真菌的传播。比如，平伏类真菌会在倒木的下侧这样不显眼的地方产生子实体。这类真菌的生长方式似乎与直立在空气中的典型子实体不一致，但其靠近土壤"结果"的方式也有其优势：蜈蚣、跳虫和其他节肢动物在这里吃草。对平伏类真菌如外生菌根真菌小垫革菌（*Tomentella sublilacina*）来说，这样的土壤食物网是其孢子扩散的最佳途径。

昆虫共生菌

　　许多昆虫的生存都与真菌有关。有的昆虫以真菌为食，它们的身体甚至演化出了贮菌器，以确保随时随地携带真菌。蛀干（钻木）昆虫需要真菌帮忙分解它们吃掉的木材——

如果没有真菌（或它们的酶），昆虫就无法消化木质纤维素。一些蛀干昆虫还会给木材"接种"真菌，一段时间后，它们就能食用这些木材了。还有一些共生菌是植物病原体，它们会攻击并削弱宿主树木，使其更容易被甲虫取食。

　　最引人注目的蛀干昆虫是食菌小蠹（小蠹虫科，Scolytidae），它们是已知种类最多、

辅射小垫革菌（*Tomentella radio-sa*）是一种平伏类真菌，在倒木下侧生长并产孢

一种小垫革菌（*Tomentella* sp.）的孢子

刚冒出来的鬼笔菌，比如图中的白鬼笔（*Phallus impudicus*），上面覆盖着一团黏糊糊的孢子，这些孢子很快就会被蝇类取食

分布最广的"菌养"昆虫。这些昆虫在木材上钻洞，并在其间接种蛀道真菌，终生只吃蛀道里生长的菌圃。

蛀道真菌与小蠹之间是完美的共生关系，其共生形式有两种：第一种是生长在虫道内的丝状菌丝，会产生一层密集的易于啃食的分生孢子梗（虫道菌圃）供小蠹取食；第二种是以类似酵母菌的形态，在小蠹的贮菌器内依靠其腺体分泌物培养和繁殖。

由于蛀道真菌生活在小蠹蛀道的深处，所以人们认为昆虫的贮菌器是这些真菌唯一

的传播途径，尽管最原始的食菌小蠹并没有真正的贮菌器，对于这种情况，人们推测这时蛀道真菌的孢子可能存在于小蠹的消化系统中。稍高级的食菌小蠹在其外骨骼表面演化出了非腺体贮菌器（小的凹陷），而最高级的食菌小蠹的高级分支则独立演化出了特殊的袋状或坑状的腺体贮菌器。值得注意的是，贮菌器在鞘翅目和其他节肢动物中已经演化了好几次，本书后文将介绍树蜂的贮菌器。

>> 小蠹幼虫边钻虫道边吃木材，这些木材已经被木腐菌部分分解

甲虫苗圃

蛀道真菌生长在被暗翅足距小蠹（*Xylosandrus crassiusculus*）掏空的洞穴中。暗翅足距小蠹的幼虫会在宿主树的虫道内取食真菌。

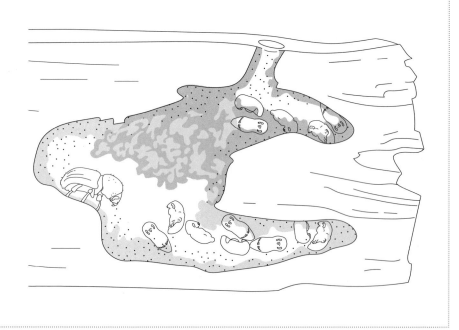

拟态

一些真菌已经进化出惊人的技巧来胁迫动物帮其传播孢子，其中就有模仿开花植物，拟态成假花来完成孢子传播。在自然选择下，这些真菌"骗子"在"游戏"中最擅长的就是模仿植物——我们可以把这看作真菌领域的戏法。

拟态是一种生物体与另一种生物体相似的适应性现象。世界上有名的拟态案例都来自动物，比如君主斑蝶和北美副王蛱蝶，它们彼此模仿以增强保护，从而免受捕食者的侵害。但其实在植物和真菌物种中也有令人着迷的拟态案例，人们已发现的可能只是其中一小部分。

野麦香柱菌（*Epichloë elymi*，旧称柱香菌）是一种禾本科植物的子囊菌病原体，其所在的麦角菌科中有许多都是草类病原体，包括历史上导致"圣安东尼之火"的臭名昭著的麦角菌（*Claviceps purpurea*，详见第 84 页）。香柱菌属真菌完全生活在宿主植物体内，因此被称为植物内生菌。在繁殖周期中，真菌在草茎外表面形成不育菌丝团，被称为"子座"，子座菌丝为单性或交配型，能产生单一的未受精孢子，被称为"性孢子"。性孢子的功能与植物的单倍体花粉非常相似：它们通过空气飘散或由传粉者携带到同一物种的另一个体，从而完成受精。

最近发现，植种蝇属（*Botanophila*）飞虫是香柱菌属的传粉者。雌蝇被真菌的子座组织吸引并取食它们，然后在子座上产卵。而成虫在造访其他禾本科植物上的子座时可以通过排便带来（之前食用的）活的性孢子。经过这种"假授粉"后，真菌完成有性繁殖并产生

<< 植种蝇（*Botanophila fugax*）的成虫

>> 一种常见的内生菌——野麦香柱菌，完全生活在弗吉尼亚披碱草（*Elymus virginicus*）体内，繁殖过程中会在其宿主表面产生棉状的白色子座

麦角中毒之灾

在中世纪时期，一种被称为"圣火"或"圣安东尼之火"的可怕疾病在人群中泛滥，而且这种疾病无法预测和预防。其症状有：皮肤刺痛或有烧灼感，肢体瘫痪，人会发生抽搐、震颤，甚至产生幻觉。在疫情暴发期间，经常有孕妇流产，使当时社会的出生率普遍下降。后来发现，这种病的病因是麦角生物碱中毒（被称为"麦角中毒"），麦角生物碱会导致人的血管收缩、血压升高，一些患者的四肢甚至发生坏疽（许多患者不得不截肢），数千人病逝——在 19 世纪的一些流行病记录中，麦角中毒的平均致死率为 40%。虽然现在已经很少发生麦角中毒的病例，但仍偶有发生，现代最严重的一次疫情发生在 1951 年法国的一个村庄。

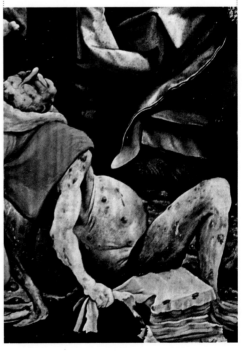

6977

M. S. del. J. N. Fitch lith.

Vincent Brooks Day & Son Imp

L Reeve & Cᵒ London.

子囊孢子。考虑到自然界中的互利共生现象通常被认为是两个物种之间彼此存在"义务"关系，所以人们推测，香柱菌的性孢子不会通过风或水传播，而植种蝇只以香柱菌为食。

在茂密的热带森林中，地面上几乎没有风，生活在那里的开花植物就需要依靠昆虫传粉。人们根据加里曼丹岛（旧称"婆罗洲"）的热带雨林中存在的一种奇特的共生现象，推测有很多真菌也需要昆虫帮忙"传粉"。在当地人称"尖不辣"（chempedak，中文正名榴莲蜜）的树上，科学家发现笄霉属（*Choanephora*）真菌能感染雄花。而波罗蜜属（*Artocarpus*）植物的花是雌雄同株的，这意味着它们既有雄花又有雌花。被感染的雄花能以笄霉为诱饵吸引浆瘿蚊（*Contarinia* spp.）前来取食，于是，不知情的飞虫便将雄花的花粉以及笄霉的孢子都传到了雌花上，既帮助了榴莲蜜树，也帮助了病原体。

蓝莓和其他越橘属植物的叶子和花芽经常被蓝莓干枯病菌（*Monilinia vaccinii-corymbosi*，一种盘菌）寄生，这时，被感染

的蓝莓组织会变色，附生在上面的菌丝产生分生孢子。被感染组织的反射波长似乎与植物自身花朵的反射波长相似（即颜色相似），伴随着孢子的产生，真菌菌丝似乎也能产生甜味分泌物。这两种元素——颜色和类花蜜分泌物似乎也能吸引植物的传粉者，植物传粉者会将真菌的分生孢子转移到健康的花朵上，实现了植物病原体的传播。感染了这种真菌的果实会干枯，因此这种病被称为"蓝莓僵果病"。冬季，这种真菌的组织会以菌核的形式在土壤中越冬，春季，当菌核产生小的子实体，将孢子释放到植株新出现的叶子上时，将开始新一轮疾病周期，而被感染的叶子将成为真菌拟态的假花。

自然界中不只有真菌会拟态植物，人们也发现了少数植物拟态真菌的案例。虽然我们这本书是介绍真菌的，但我实在太想介绍这种极其擅长模仿真菌的植物了！在美洲大陆中部和南部热带地区的云雾森林中，生长着小龙兰属（*Dracula*，也被称为"德古拉"）的兰花，该属共有100多个物种，它们通常栖息在少有其他开花植物的潮湿的悬崖突壁上，因此能为它们传粉的昆虫很少。但是，很多真菌都成功从潮湿的腐殖质中长出子实体，于是，小龙兰把传粉的重任交给了以真菌为食的蝇类。小龙兰艳丽的花朵长得很像带褶的蘑菇，而且还带有蘑菇味儿，没错，小龙兰会产生与蘑菇相同的气味——一种称为"1-辛烯-3-醇"的化学物质，从而吸引蝇类。

五脉槲柄锈菌

Puccinia monoica

拟花

- 担子菌门 Basidiomycota
- 柄锈菌目 Pucciniales
- 柄锈菌科 Pucciniaceae

栖息地｜高山

花卉拟态最极端的例子是五脉槲柄锈菌，这种真菌是十字花科（Brassicaceae）南芥属（*Arabis*）和宿柄芥属（*Phoenicaulis*）植物的病原体。来自美国俄勒冈州的科学家芭芭拉·罗伊（Barbara Roy）在研究北美洲和欧洲的真菌和植物之间的生态关联时，发现柄锈菌会抑制其宿主植物开花，并诱导植物长出与自身并不相似的假花。

五脉槲柄锈菌的常见宿主是宿柄芥（*Phoenicaulis cheiranthoides*）。宿柄芥是典型的生长在干旱的高海拔地区的植物，特征是植株匍匐矮小，能开出粉红色的小花。但是，被柄锈菌感染的宿柄芥会生出更多的莲座叶，不会开出真正的花，而只有亮黄色的假花。

五脉槲柄锈菌的另一个常见宿主是南芥（*Arabis hoelboellii*），这是一种高大、挺立的植物，叶片呈细带状，与草叶类似。南芥通常会开出白色的十字形小花，但一旦被柄锈菌感染，其植株会变得矮小，并长出黄色的假花。

在这两种案例中，被感染的宿主植物长出的假花与未被感染时开出的花颜色不同。经过仔细观察后发现，这些假花实际上是花瓣状的莲座叶，被柄锈菌的性孢子器覆盖——假花上的鲜黄色就来源于此。同时，真菌的菌丝散发出芳香的气味，并分泌一种带有性孢子的甜而黏的物质。当这些性孢子被"传播"到其他被感染植物的假花上时，就完成了真菌的有性繁殖（"假授粉"）。

令人惊讶的是，柄锈菌在"冒名顶替"的过程中似乎比其宿主植物更具优势，因为被感染的植物"开花"更早，而黄色是多种生态系统（包括宿柄芥所在的山地生态系统）中花朵的主导色。此外，柄锈菌也可能对环境中其他植物物种的繁殖产生不利的影响，因为被感染植物的气味和甜味物质可能比其他开花植物更能吸引传粉昆虫。

>> 被柄锈菌感染的南芥的假花莲座叶

Phallus indusiatus
长裙竹荪
气味引诱

....

- 担子菌门　Basidiomycota
- 鬼笔目　Phallales
- 鬼笔科　Phallaceae

栖息地 | 森林和城市

乍一看，这种真菌在初期时看起来就像是一堆被部分埋在有机碎屑中的鸟蛋，抑或是一些不太寻常的马勃菌。但过一两天再来看时，这些"蛋"已经裂开，冒出丑陋、难闻的子实体。

除了南极洲，鬼笔菌广泛分布于其他各大洲，其中有许多鬼笔菌物种在城市中很常见，通常发育于有机碎屑中。事实上，某些鬼笔菌之所以成为世界性的物种，是通过木质地表覆盖物和园艺植物的进出口引入的。人们无法预知它们何时出现，但只要发现就会引起关注。有的鬼笔菌长得像海洋生物（如鱿鱼或珊瑚虫）；有的则像是戴着金色或纯白色面纱的清教徒；还有的鬼笔菌长得像阴茎，以至于查尔斯·达尔文（Charles Darwin）的长女亨利埃塔（Henrietta，昵称"埃蒂"）每次在家附近的树林里看到这种菌时就会摧毁它们，以免玷污仆人的美德。

正是由于多变的外形，真菌学家为它们建立了一个特殊的目：鬼笔目。鬼笔目的大多数物种可以归为两大类：无分支的（通常为阴茎状）和有分支的（有"手臂"或"爪子"，或者看起来像笼子）。有的鬼笔菌具有让人浮想联翩的俗名，如臭鱿鱼（*Pseudocolus fusiformis*，中文正名为三叉鬼笔）、银莲花臭角菌（*Aseroë rubra*，中文正名为红星头鬼笔）、蜥蜴爪（*Lysurus cruciatus*，中文正名为十字散尾鬼笔）和无耻臭角菌（*Phallus impudicus*，中文正名为白鬼笔）等，而具有美丽面纱的长裙竹荪是一种在亚洲很受欢迎的栽培菌类。

在演化过程中，鬼笔菌丢掉了主动释放孢子的习性，而是通过引诱昆虫（尤其是食腐蝇）来传播孢子。子实体成熟后，会产生臭气熏天的产孢组织，其中含有担孢子。这种臭味会吸引食腐蝇前来取食孢子。通常在几个小时内，食腐蝇就能消耗掉整个产孢组织。当食腐蝇到别处排便时，被其摄入的担孢子就完成了传播。

>> 长裙竹荪

Sphaerobolus stellatus
星状弹球菌
爆炸式释放

....

- 担子菌门　Basidiomycota
- 地星目　Geastrales
- 地星科　Geastraceae

栖息地｜森林和城市

　　许多真菌受益于人类活动，如交通、农业以及园林绿化，很多真菌都非常适合分解在城市绿化中广泛使用的木质地表覆盖物。事实上，城市建设对木质地表覆盖物的需求量非常大，因此这些材料被大量生产并运往世界各地，从而将多种真菌带到了异国他乡。

　　人们很少会注意到长在木屑和地表覆盖物上的弹球菌属真菌。这些微小的真菌又被称为"大炮真菌""加农炮真菌"和"霰弹枪真菌"，因为它们能将孢子包（被称为"小包"）"炸"出很远的距离。从技术上来说，这些"大炮"更像是弹弓，其发射的动力来自孢子体内加压膜的爆炸性外翻。小包被射向明亮处，在空中最远能飞行 6 米的距离，人们甚至能听见孢子喷出时发出的声音。

　　近年来，星状弹球菌已给许多房主、园林地表覆盖物生产商甚至保险公司造成困扰，因为它们排出的小包会以超强的黏附力黏附在任何光滑的表面上。而众所周知，这种"小口径气枪"会损坏房屋、窗户和汽车的乙烯基壁板表面。因此，当你在停车场靠近盖着地表覆盖物的"岛屿"位置停车时要小心，在你去牙科诊所看牙的时间里，你爱车的侧面可能就会被喷得千疮百孔！

小口径气枪

星状弹球菌发射孢子的过程。随着小包的成熟，子实体内的压力逐渐增大，进而将小包推到很远的地方。

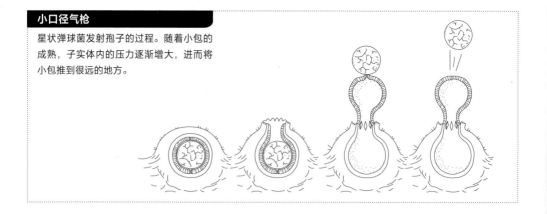

生长在木屑中的星状弹球菌。大的白色小包已经发育成熟，随时可能"发射"，还能看到已经空了的子实体

Psathyrella aquatica

水生小脆柄菇

水下投掷

- 担子菌门　Basidiomycota
- 蘑菇目　Agaricales
- 小脆柄菇科　Psathyrellaceae

栖息地 | 水生

　　2005年，人们在美国俄勒冈州的罗格河有了一个不同寻常的发现：在水下发现了蘑菇，自首次发现后，人们每年都能再见到它们。人们顺理成章地认为这蘑菇是从掉入水中的木屑中长出来的，然而事实并非如此。这些蘑菇是科学界的新发现，最令人惊讶的是，它们是在水下发育的。

　　以前，人们已经发现有几种子囊菌能在水下生长并发育成熟，但并未发现有蘑菇目的物种能够如此。人们在阿根廷巴塔哥尼亚富营养化的池塘中发现的一种担子菌——水生粘菇（*Gloiocephala aquatic*）很接近了，但这种菌没有菌褶。

　　水生小脆柄菇与人们在树林或堆肥堆中发现的同一个属的其他物种都很相似，但人们对它如何产生孢子尚不清楚。孢子投掷本不应该在水下进行，因此有人认为，这种蘑菇会在菌褶表面产生气泡，并将孢子射到气泡里。而已发现的证据表明，孢子会成排漂浮在子实体附近。或者，当蘑菇因干枯而漂离原地，孢子也可能随之传播。

　　除了孢子传播，还有一个问题依然成谜：孢子是如何向上游传播的？为了解释孢子如何抵抗持续不断的水流，俄勒冈州的真菌学家乔纳森·弗兰克（Jonathan Frank）捕获并解剖了与水生小脆柄菇有关的无脊椎动物，并在石蛾、蜉蝣和蚋的肠道中发现了这种蘑菇，这表明水生昆虫参与了孢子的传播，也许是作为食菌者或食草动物，抑或是在水下沿着蘑菇移动时滤食孢子。我们还需要更多的数据来确认这些无脊椎动物的作用，但水生昆虫肯定有能力抵抗水流并将孢子带往上游，如果它们被鱼类或鸟类吃掉，那么孢子就能被带到更远的地方了。

　　➤➤　孢子的投掷本不应该在水下进行，但奇异的水生小脆柄菇做到了。目前科学家仍无法确定它是如何做到的

Paurocotylis pila
红莓松露 [1]
拟态水果

....

- 子囊菌门　Ascomycota
- 盘菌目　Pezizales
- 火丝菌科　Pyronemataceae

栖息地 | 森林

　　红莓松露是一种奇特的真菌，在繁殖过程中依赖于拟态和动物传播。在大洋洲，更为常见的真菌是块菌，其子实体形态是类似松露的块状。对澳大利亚的块菌来说，挖掘类哺乳动物是它们传播孢子最重要的载体。依赖哺乳动物传播孢子的块菌大多颜色暗淡，并会产生非常强烈的气味，这是因为哺乳动物通常靠嗅觉觅食。然而在新西兰，鸟类是主要的食草动物，那里的块菌已经演化出不同的招数来引诱鸟类。一些块菌会产生鲜艳的紫色、蓝色或红色的子实体，就像是躺在森林地面上的浆果，鸟类在觅食过程中会吞下这些子实体，并将孢子带到其他地方。

　　在这类真菌中最像浆果的块菌应该是红莓松露。夏末，块菌的子囊果（一种子实体）开始在土壤中形成。随着成熟，子囊果会逐渐膨大并暴露于地面，看起来就像是掉落在地上的红色浆果。其大小和颜色几乎与罗汉松属（*Podocarpus*）树木的果实相同，而这些果实也是在同一时间成熟并掉落。

　　人们对 *Paurocotylis* 属真菌的生态学特征仍不清楚，而在北美洲和南美洲已发现的为数不多的该属物种则被视为珍稀或濒危物种，鲜为人知。对于如今在英国发现的红莓松露，人们认为它是在 20 世纪 70 年代初被带到英国的（据传可能是新西兰的赛艇队访问英国

块菌状子实体

这种真菌的子实体看起来像是颜色鲜艳的浆果，但看其横切面，腔室中排列着产孢子的子实层。

1　该种暂无中文正名，根据其形态，本书所用中文名从英文名Scarlet Berry Truffle直译而来。关于其学名，属名*Paurocotylis*源于希腊语pauro和cotylis的组合，前者意为"很少"，后者意为"空腔"，可能是指所描述的模式标本子囊果的内部结构；种加词*pila*源于拉丁语，意为"球体"，可能指子囊果的形状。

红莓松露的子实体实际上只有豌豆大
小，这是放大后的图像。

时引入）。*Paurocotylis* 属真菌最初被认为是菌根真菌，但最近的研究表明，该属及同一科下与之关系较近的地杯菌属（*Geopyxis*）、腔囊块菌属（*Hydnocystis*）和致密果属（*Densocarpa*）的物种，在其一生中可能是内生菌或腐生菌，或两种特性兼有。

Pilobolus crystallinus
晶澈水玉霉
爆炸式繁殖

- 接合菌门　Zygomycota
- 毛霉目　Mucorales
- 水玉霉科　Pilobolaceae

栖息地 | 森林和农田

食草哺乳动物的粪便是许多真菌的主要栖息地，这些真菌统称为"粪生真菌"。而由于这些真菌快速且接二连三地在这些粪便上生长传播，使得这里成为观察多种真菌微观世界的绝佳素材。晶澈水玉霉也被称为"飞帽者"，通常是动物粪便中最先长出的真菌，而且一般在几天内就能产生孢子。

当动物粪便"新鲜出炉"时，其富含纤维素的基质早已被（动物的消化系统）机械分解，它们十分湿润，而且温度适宜，因此很快就会被真菌"占领"。由于粪便中的营养成分很快就会被耗尽，所以晶澈水玉霉演化出一种迷人的技巧，以确保自己成为粪便的第一个"殖民者"：它将孢子放在被称为"孢子囊"的黑色小囊中，并将其喷到"厌恶区"之外的区域——粪便附近茂盛的未经放牧的草地，以便能被食草动物吃掉，这样一来，当动物排粪时，孢子就已经存在于粪便中了。

向光而生

那晶澈水玉霉是如何做到这一点的呢？首先，晶澈水玉霉具有趋光性，它能产生微小的柄状子实体（孢囊梗），顶端支着一个孢子囊，并朝着光的方向生长。孢囊梗的末端是一个球状的小泡，里面充满了液体，因此膨胀变大。这把"水枪"也是一个透镜：光线透过外壁，聚焦在对面的内壁上。光感受器沿着小泡下方

的柄传递刺激，使小泡背对光源的一侧生长得更快，最终，孢囊梗向着光的方向弯曲。当小泡破裂时，会将黑色的孢子囊抛向光的方向。

功能决定形式

单个孢囊梗呈球状，能充当透镜来聚焦光线，最终让孢囊梗将其"帽子"（孢子囊）扔到空地上。黑色的孢子囊能够抵抗食草动物（消化道内）的消化酶，从而保护囊内的孢子。

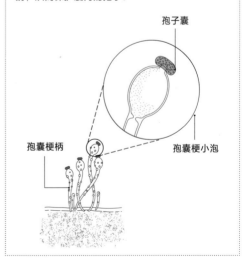

孢子囊

孢囊梗柄

孢囊梗小泡

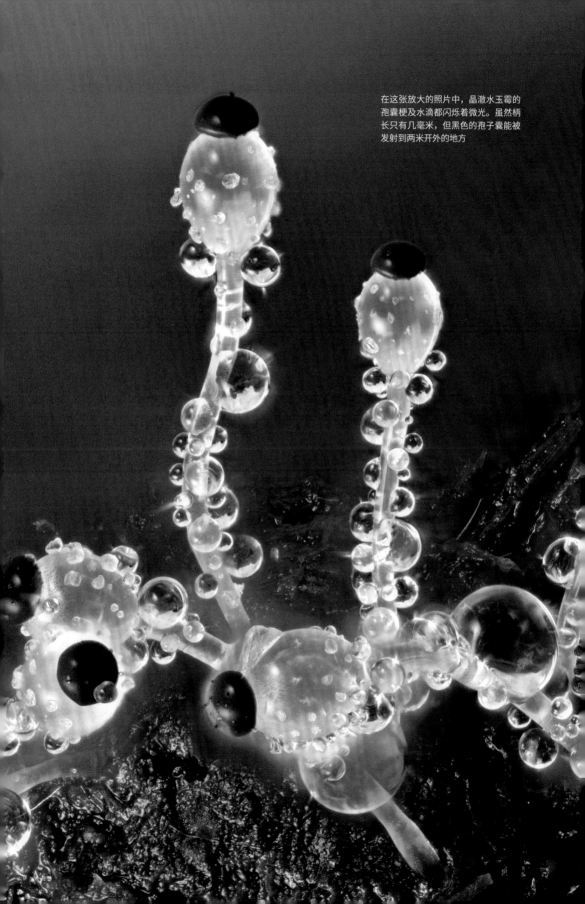

在这张放大的照片中，晶澈水玉霉的孢囊梗及水滴都闪烁着微光。虽然柄长只有几毫米，但黑色的孢子囊能被发射到两米开外的地方

CHEMISTRY & PHYSIOLOGY
化学与生理学

奇怪的化学反应

在生物王国中，与动物关系最密切的是真菌。这可能很难看出来，因为不管在形态上，还是在细胞水平上，真菌和动物都没有任何相似之处。但是，如果从化学和生理学的角度来看，真菌和动物有着许多相似之处，甚至还有着共同的祖先。

与动物不同的是，真菌的细胞是有细胞壁的，但除此之外，二者细胞内的化学成分却非常相似：都有核糖体、线粒体和组成染色体的 DNA。和动物一样，真菌在细胞外进行消化。真菌通过向基质中分泌酶来消化并吸收有机物；与之相似的是，动物会将吞咽的食物储存在一个充满了酶的容器（胃）中，其中被消化的食物由上皮组织黏膜（将动物的内外组织分隔开来）吸收。

在适合的条件下，真菌几乎可以把一切东西作为食物来源，它们可以消化书页、照片、摄影胶片，甚至是相机镜头上的涂层，还有一次性尿布、塑料和其他石油产品（包括意外泄漏的原油）……人们已经发现真菌堵塞飞机燃油管道的事件，更别提几个世纪以来被真菌侵蚀而腐烂的帆船船体，真菌可以破坏我们周围的任何材料。

除了奇特的食物来源，一些真菌物种能在黑暗中发光，一些真菌能产生自然界已知毒性最大的毒素，还有许多真菌能在缺氧的环境下存活，有时会因此产生大量酒精。此外，植物的真菌病原体可以改变宿主的化学成分，形成类似花朵或水果的结构；而动物的真菌病原体为了繁殖，甚至能控制宿主的思维，将其变成"行尸走肉"。

❯ 火菇属真菌（*Flammulina sp.*）是常见的木腐菌

黑色素

动物和真菌都会有的另一种化学过程是生成黑色素。黑色素是生物王国中最普遍的有机物之一，常见于多种生物类群中，而且似乎在生物体内发挥着非常重要的生理作用，甚至可能与生命的起源有关。

动物体内生成的深色色素，可以帮助其抵御紫外线的辐射以及环境中的其他有害因素，比如人类的皮肤在阳光的照射下会产生棕褐色的色素沉着。在真菌中，黑色素也发

挥着多种作用，除了能加固真菌细胞壁的结构，还能帮助真菌提高耐热和耐旱能力，以及对环境中盐度、pH胁迫和辐射（如紫外线、电离辐射等）的忍耐度。此外，黑色素能"吸收"有毒重金属和氧化性物质，抵御微生物的溶解酶及其他毒素，甚至是某些植物病原体毒素的基础物质。

真菌的黑色素大多为棕色至黑色，因此可以吸收可见光、紫外线和一定程度的红外线。某些真菌会产生菌素（类似于植物的根），以便从一个基质延伸到另一个基质，这时黑色素就能有效帮助真菌应对环境中的光线辐射，并抵御干燥。例如，蜜环菌属（*Armillaria*）真菌的菌素使其能从一根枯树残枝延伸到另一根残枝上，甚至还能延伸到健康的树上，进而成为整个森林的病原体。这些菌素非常坚韧，即便真菌（以及大部分树木）消失很长一段时间后，菌素依然附着在腐木上。

黑色素可以帮助真菌缓解热或冷带来的环境压力，比如会导致核果褐腐病的子囊菌——美澳型核果褐腐病菌（*Monilinia fructicola*），通常情况下，这种真菌能够在地中海的高温环境中生长，但缺失黑色素的突变体则无法在高温下生存。实际上，多种微型真菌和地衣都被黑色素"黑化"了，特别是栖息在极端基质（如寒冷环境下的岩石）上的物种。

<< 这种常见的蜜环菌（*Armillaria sp.*）对森林树木来说是很危险的一种病原体，它们能够持续在枯木上腐生

黑色素还可以作为抗氧化剂，抵抗酶的分解（细胞分解）以及微生物的攻击，后者似乎让许多植物致病真菌压制了宿主的防御力，从而增强自身的毒力。而一些可怕的人类病原体，如隐球菌属（*Cryptococcus*）也是被"黑化"的，缺乏黑色素的隐球菌突变体就会失去感染能力。

黑色素具有较高的延展度，能够加固孢壁等细胞壁的结构，因此"黑化"真菌的细胞壁能更好地对抗渗透压和膨胀力。此外，"黑化"的孢子也更能抵抗干燥和有害的紫外线辐射。电离辐射（以及紫外线）会破坏生物的 DNA，进而破坏活细胞。如果没有

黑色素（或是涂抹防晒霜），我们人类的皮肤细胞就会受到阳光的伤害——皮肤癌就是电离辐射破坏皮肤细胞 DNA 导致的。产生透明或无色孢子的真菌通常不能存活很长时间，但有一些真菌，如灵芝属（*Ganoderma*）真菌，会产生深色、黑色的孢子，这些孢子可以在土壤中存活多年。

美丽的腐烂

在花斑木上经常能看到由真菌的黑色素造成的美丽效果。你可能见过一些用"卷纹枫木"或"鸟眼枫木"制成的漂亮的木制品，如吉他、家具、橱柜或者类似碗的小工艺品。然而这些木材上的漂亮花纹并不是天然生成的——那些木材上间杂着的深色（发黑）图案实际上是被微生物（包括真菌在内）侵入

自养菌

值得注意的是，另一种形式的辐射——原子辐射——似乎能增强一些"黑化"真菌的生长，从切尔诺贝利核废墟中分离出的枝孢属（*Cladosporium*）和青霉属（*Penicillium*）真菌的样品证实了这一点。令人惊讶的是，这些真菌似乎能从电离辐射中获取能量，通过一种未知的方式来完成自养。图中显示了在显微镜下被数码染色的枝孢菌的孢子。

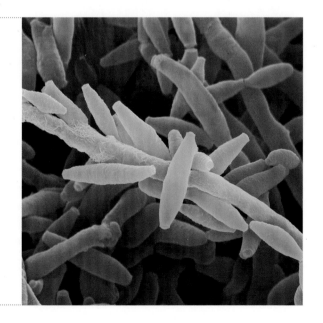

（通常会发生变形）导致的。蜜环菌、炭角菌及其他一些真菌会在木头中生长，且被其感染的区域会被"带纹"（菌丝在木头上形成的暗色纹线，又称假菌核平板图）包裹。当木头被切割加工时，这些带纹看起来就像一条条黑线，但如果我们能从三维的角度观察，看到的就是被真菌菌丝和大量黑色素包裹的木柱。通过带纹，真菌几乎能把自己的"领地"与外界相隔，包括其他真菌。

木蹄层孔菌（一种多孔菌）会留下漂亮的黑色带纹，其他入侵木头的真菌也能留下不同颜色的带纹，如绿杯盘菌（一种木腐菌）能使木头变色，呈现美丽的蓝绿色。在被真菌感染的早期阶段，木材还没被彻底腐坏时，这种被"染色"的木材是工匠们眼中的珍品。

如果你是一个古典音乐爱好者，也许会知道著名的斯特拉迪瓦里小提琴的音色会受到多种因素的影响，从制作时所使用的木材类型到老化的方式，当然还有生产过程中使用的化学物质和胶水。尽管历代科学家和音乐家已经研究了数百年，但斯特拉迪瓦里小提琴仍然存在许多未解之谜。

不过，有些研究人员认为他们已经接近谜底。最近，科学家使用被两种木腐菌——透明亚卧孔菌（*Physisporinus vitreus*）和长柄炭角菌（*Xylaria longipes*）——侵蚀的木材制作了一把非常便宜的小提琴。他们所使用的木材与专业小提琴制造商使用的木材相同：琴

❯ 木材上精妙的"涂层"其实是真菌和其他微生物"抢夺领地"的结果

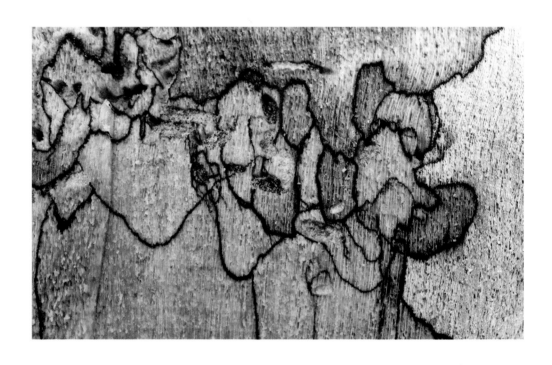

<< 炭角菌属真菌是常见的木腐菌。这些子囊菌从被称为"子座"的黑色菌柄内的腔室中产生孢子。

↳ 木腐菌透明亚卧孔菌是一种多孔菌，在菌管中产生孢子

身用挪威云杉木，背板、侧板和琴颈用悬铃木。亚卧孔菌和炭角菌的特殊之处在于它们会逐渐降解所感染木材的细胞壁，使木材变薄却不会完全破坏它。结果就是，它们在不破坏木材弹性的前提下，给其留下了坚硬的结构，非常有利于声波的传播。

经过一段时间的培养后，科学家利用一种气体杀死了木材中的真菌，然后将木材交给小提琴制作大师。小提琴制作完成后，科学家又邀请一些音响发烧友参加了一次盲试，结果非常惊人：专家陪审团得出结论，价格低廉的"真菌木"小提琴的音色与1711年制造的斯特拉迪瓦里小提琴的音色别无二致。对年轻的小提琴演奏者来说，音乐会级别的小提琴是其职业生涯中必不可少的，但这样的小提琴往往价格昂贵，鲜少有人能负担得起，因此"真菌木"乐器的发展可能会对世界小提琴的平民化大有裨益。

生物发光

在众多有趣的真菌中，有一类会发光的真菌，被称为发光真菌。古时候，

如上图所示，白天的巢型类脐菇（*Omphalotus nidiformis*）是一种色彩颇为单调的蘑菇，但天黑之后（右页），这些蘑菇光彩迷人

人们就已经发现并记录了生物发光的现象。不过，尽管亚里士多德和老普林尼都提到了这一现象，但博物学家大多忽略了这个主题，直到 18 世纪，一些来自矿工的观察才引起了人们的关注。

我们现在知道，当时人们观察到的发光生物并不是植物，而是真菌。在已知的四种发光担子菌谱系中，包含了大约 80 种不同的物种。我们所熟悉的发光真菌包括蜜环菌属、小菇属（*Mycena*）、类脐菇属（*Omphalotus*）和扇菇属（*Panellus*）。如果光线来自木头中的菌丝（通常被称为"狐火"），那很可能是感染了一种蜜环菌。

生物发光在自然界中广泛存在，除了真菌，动物、植物和细菌也能发光。关于生物发光，我们要记住两点：生物发光的过程是

发光真菌

1796 年，德国博物学家亚历山大·冯·洪堡（Alexander von Humboldt）是最早描述德国煤矿中菌索发光现象的人之一。根据记载，（矿井内的）木板和横梁发出了明亮的光，光线之亮，都不需要用到任何灯具。矿井内的高湿和高温似乎是生物发光的重要条件，人们描述这些光主要来自"植物"（当时人们将其归为根状菌属，*Rhizomorpha*）的菌丝顶端。

持续的,即使是在白天(虽然可能看不出来);生物发光不会产生热量,与热发光(如白炽灯)有明显不同。生物发光的光来自真菌的代谢反应:当电子转移到荧光素分子上,荧光素分子与氧气结合,被荧光素酶催化,导致荧光素分子处于电子激发态,随后在回归基态时发出最大波长约为525纳米的光。尽管不同生物的荧光素分子和荧光素酶并不完全相同,但发光的过程都是相同的。

很多人都疑惑,生物发光的"目的"是什么,发光是否对生物体有利?人们对此提出了许多假设,其中最突出的假设是:发光可以吸引无脊椎动物来传播孢子。经过研究,这个假设似乎并不适用于温带的生物群落。但是最近有研究表明,在植被茂密、几乎没有空气流动的热带森林中,生物发光可能是孢子通过飞虫传播的机制。

另一种假设认为,生物发光是真菌消耗能量的一种方式,是一种氧化反应的代谢产物,因为大多数生物体(包括人类)都会释放热量,而热量就是氧化反应的代谢产物。这种化学反应也可能与木质素(木材等植物细胞壁的主要组分)分解过程中形成的过氧化物脱毒作用有关。许多发光真菌会

腐蚀木头和落叶，如一些白腐菌——蜜环菌（*Armillaria mellea*）和止血扇菇（*Panellus stipticus*），而诱导或抑制白腐菌分解木质素的因素也会诱导或抑制生物发光。

不过目前，人们仍未摸清生物发光的功能，而且还存在着很多争议。比如在小菇属真菌中，已知至少有 33 种发光物种，但更多的是不发光的物种。这就引出了一个问题：生物发光到底是这个属所有物种的一次性演化，而有的物种在不同的演化阶段丢失了这一特性，还是这个属内的物种在不同的阶段所发生的独立演化？

一些研究人员认为，从演化的角度来说，生物发光并没有给真菌带来好处，因为小菇属的发光物种和不发光物种在自然界中似乎同样成功。生物发光可能有利于某些真菌孢子的传播，因此这一特性作为演化过程中的"行李"被保留了下来，但它并不算是真正的选择性优势或劣势。我的猜测是，这种特性肯定是有好处的，因为它存在于多种真菌中——如果你有不同的假设，那也是很棒的想法哦。

❯ 玫瑰黄小菇（*Mycena roseoflava*）是分布于澳大利亚和新西兰的一种美丽的小型发光蘑菇

醉人的真菌

在对真菌化学方面的所有研究中，人们研究得最多的可能是真菌产生的有毒化合物。这个主题涉及的内容太广了，甚至能写成一本书，所以我没办法在本书中详细介绍。不过，由于真菌毒素普遍存在，因此本书的每一章中几乎都会提到真菌毒素相关的内容。

毒素是活着的生物体产生的物质，可以使另一种生物体产生中毒反应，阻断或破坏其生命系统的生物化学功能或其他功能的运行。真菌产生了很多种令人眼花缭乱的化合物，这些化合物对包括人类在内的其他生物体来说都是有毒的。目前人们几乎可以确定的是，其中有的化合物可以作为真菌的"防御武器"，使其免受其他微生物的侵害。例如麦角菌的苦味生物碱就是一种拒食剂；而有的真菌毒素用于杀死某些真菌赖以生存的宿主生物的细胞；还有的化合物只有在进入人体后才具毒性，比如每年都会发生的鹅膏毒肽致死事件，这种毒素在世界各地的多种蘑菇，包括鹅膏属（Amanita）蘑菇中都有。但真菌为什么会产生这些化合物，仍是未解之谜。

毒蝇伞（*Amanita muscaria*）是一种常见的有毒蘑菇，但对人类并不致命

不过，许多有毒化合物可以用来治疗身体疾病。瑞士医师帕拉塞尔苏斯（Paracelsus，毒理学研究的先驱）提出了著名的观点：药和毒的区别往往在于剂量。

酵母

农业的兴起和动植物的驯化是人类发展史中极为关键的事件，因为它们引发了文明的兴起以及随之而来的人口、技术和文化方面的发展。大约 6000 年前，新月沃地的人驯化了大麦，使苏美尔地区出现了现代啤酒的前身。啤酒和其他酒精饮料不仅有营养和药用价值，还是未受污染的水分来源，再加上酒能用于人类的社交行为和仪式中，所以说酒在社会凝聚力方面起到了关键作用。

中世纪时，欧洲的酿造业逐渐开始生产艾尔啤酒，生产过程中用到了酿酒酵母（Saccharomyces cerevisiae），这是葡萄酒生产和面包发酵时都会用到的一种酵母。19 世纪，巴伐利亚兴起酿造拉格啤酒的技术，到 19 世纪末，这种啤酒得到了广泛的认可。从那以后，拉格啤酒的酿造方式已成为最受欢迎的酒精饮料生产技术，拉格啤酒在全球的销售额超过 2500 亿美元。

与酿造大多数艾尔啤酒和葡萄酒不同，拉格啤酒在酿造时用到的酵母是耐低温的巴

↗ 显微镜下的面包酵母——酿酒酵母

↘ 法国化学家路易·巴斯德（Louis Pasteur）是微生物学及发酵理论的先驱

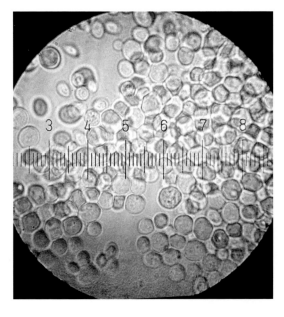

> ⋏ 图中这片南青冈（*Nothofagus antarctica*）林位于阿根廷冰川国家公园（Los Glaciares National Park），这里气候寒冷、位置偏远。远处隐约可见托雷峰（Cerro Torre）

斯德酵母（*Saccharomyces pastorianus*），发酵的温度更低、时间更长。如果说地球上有着各种各样的啤酒，而其中大多数啤酒是靠巴斯德酵母酿造出来的（其实确实可以这么说），那么有一件事就显得非常不可思议了：虽然巴斯德酵母从未与外界隔离，且它的繁殖完全依赖于人类，那这种酵母到底是怎么出现的呢？

从最近的一次全球野生酵母菌普查中，人们发现了巴斯德酵母的起源。原来这种酵母是通过一种艾尔啤酒的酿酒酵母和另一种之前未知的耐低温酵母杂交后产生的。这就引出了一个新的问题：酿酒酵母在自然界中是做什么的？

许多不同的酵母菌都是在树木常见的

伤口或裂缝渗出的汁液中自然产生的。在北半球，酵母菌种类的产生与橡树有关，而在南半球较冷的温带地区，人们在南青冈属（*Nothofagus*）树种的汁液中发现了其他野生酵母。在一份关于林地（包含南青冈种群）的酵母菌名录中，人们发现了"生出"巴斯德酵母的另一种神秘的酵母菌物种，这一新种被命名为真贝氏酵母（*Saccharomyces eubayanus*），因为它与贝氏酵母（*S. bayanus*）极为相似，而后者是真贝酵母、葡萄汁酵母（*S. uvarum*）和酿酒酵母的复合杂交种，目前仅发现于酿造环境中。

　　在南美洲南端巴塔哥尼亚寒冷的南青冈属森林中，真贝氏酵母的种群数量非常多。虽然欧洲和南美洲之间的贸易往来已持续了数个世纪，但这片森林与巴伐利亚和波希米亚的距离很远，现代酿酒酵母的"祖先"是如何到达欧洲的呢？人们仍不得而知。因此，对于巴斯德酵母的分类学和系统学研究以及摸清巴斯德酵母的驯化关键事件，鉴定这一重要物种的野生遗传关系便非常必要了。

　　有趣的是，人们在发现神秘酵母的同时，还发现了另一种与南青冈有关的真菌：瘿果盘菌（*Cyttaria*）。瘿果盘菌的子实体看起来很像附着在树皮上的高尔夫球，这些子实体不仅可以食用，而且非常甜——瘿果盘菌是世界上少数产糖的真菌之一。世界微生物专家埃利奥·舍希特（Elio Schaechter）曾写道，达尔文注意到火地岛的原住民会吃这些蘑菇，"但奇怪的是，他们不吃新鲜的蘑菇，而吃老的、干瘪了的蘑菇。几年前，我想到了一种可能的解释。在所有蘑菇中，独特的瘿果盘菌具有一定浓度的可发酵糖……难道这些原住民更喜欢正在发酵的'老'蘑菇？他们生活的地方气候非常恶劣，但他们衣着单薄，出奇地耐寒。我猜测，瘿果盘菌发酵后产生的一点酒精成分可能有助于食用者保持良好的心情"。

　　这一观点得到了现代当地人的认同，他们将这些从南青冈树上"落下"的子实体称

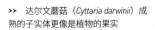

➤➤　达尔文蘑菇（*Cyttaria darwinii*）成熟的子实体更像是植物的果实

432

Fibellaria vinarius Sow
Racodium cellare Pr
Jasmiolum cellare B

<< 酒窖平脐疣孢有很多名字，人们早在几个世纪以前就已经认识它。17世纪，英国博物学家詹姆斯·索尔比（James Sowerby）描述了这种真菌的习性：于天花板上形成无定形、绒毛状的气生菌丝

>> 尽管看起来令人毛骨悚然，但数百年来，挂在墙上和天花板上的酒窖平脐疣孢一直是欧洲酒窖中备受欢迎的"居民"，它能够"清理"空气中的污浊臭味

为"llao-llao"。除了直接食用，他们还将"果肉"收集并发酵制成"chicha de llao-llao"的酒精饮料，这种饮料会是"所有啤酒之母"吗？有可能。瘿果盘菌无疑是耐寒的巴斯德酵母的庇护所，且毫无疑问是南美洲本土啤酒的发酵剂。我们将在第118页进一步介绍瘿果盘菌。

虽然酿酒酵母众所周知，但它并不是唯一一种参与制造人类最喜爱的酒精饮品的真菌。许多真菌都会对空气中的挥发性化学物质有反应，有的真菌甚至可以完全依靠从空气中获取的挥发性碳源生存。其中最奇特的可能要数酒窖平脐疣孢（Zasmidium cellare）了，它通常被称为"酒窖霉菌"。由于它与一种生长在物体表面的绿棕色的绒毛状霉菌长得很像，所以曾被认为是枝孢属的物种，但这种霉菌的生长方式与其他真菌都不相同。

顾名思义，酒窖霉菌存在于世界各地的传统酒窖和酿酒厂。如果不受干扰，它那茂盛的菌丝可以挂满天花板，仅靠空气中挥发的酒精存活。要知道，从酒桶中挥发的酒精（被称为"天使的分享"）度数可能很高（相当于白兰地和威士忌的2%）。天花板上挂着一大片霉菌，听起来似乎很脏，但几个世纪以来，这种霉菌一直是酒窖里备受欢迎的"居民"。尤其是在托卡伊葡萄酒的产地，霉菌给葡萄酒带来了美妙的风味和香气。酒窖霉菌还能使酒窖免受其他恶臭或霉味的影响。

如果空气中没有挥发性碳源，真菌则可能从其基质中获取营养。但是，随着现代葡萄酒厂和酿酒厂使用不锈钢器具，加强发酵室和熟成室的卫生、清洁和通风等，酒厂的环境将不再适合酒窖霉菌生存。也许，由于生产方式的改变和现代化的发展，酒窖霉菌可能很快就会成为濒危物种……

化学 "精神控制"

动物身上有许多真菌病原体，我们将在本书稍后部分讨论它们。但这里特别值得一提的，是一组非常奇怪的病原体，它们是昆虫和其他节肢动物的特化种。

由于地球上的昆虫数量超过了其他所有动物类群，所以有许多真菌专门克制（杀死）昆虫也就不足为奇了。有两类真菌特别值得注意：虫霉目（Entomophthorales，长期以来被认为是接合菌）和肉座菌目（Hypocreales，属于子囊菌）。这些类群的许多成员是昆虫、植物甚至其他真菌的寄生菌。虫霉目虫霉科的所有物种都是昆虫致病菌（实际上，它们的名字可以翻译为"昆虫毁灭者"），而在

肉座菌目中，线虫草科（Ophiocordycipitaceae）和麦角菌科的物种也是昆虫致病菌。

尽管肉座菌和虫霉有很大不同，但在趋同进化的影响下，它们也有一些惊人的相似之处。这两种真菌类群都能感染昆虫宿主，在昆虫体内以菌丝的形式生长，并在宿主死亡前控制其大脑，指示其如何以及向何处移动。我要强调的是，这两个类群是从不同的祖先演化而来的，但它们各自都演化出了"僵尸化"的技能，（我觉得）这真是太神奇了！

这些真菌的作用方式及繁殖方式往往都令人难以置信。例如，被蚁潘多拉菌（*Pandora formicae*）寄生的蚂蚁会离开蚁群，而且通常被迫爬上基质并紧紧抓住，这一行为被称为"顶峰行为"。随后，当真菌的子实体穿过宿主的外骨骼，将孢子释放出去，蚂蚁就会迎来可怕的死亡。被单侧线虫草（*Ophiocordyceps unilateralis*）寄生的蚂蚁还会被这种真菌"武器化"——被感染者会让自

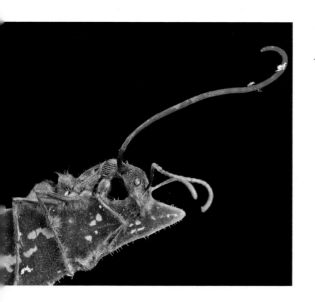

<< 在马来西亚加里曼丹岛沙巴的丹浓谷保护区（Danum Valley Conservation Area），一种虫草（*Cordyceps sp.*）从昆虫宿主身上长出棍状的子座

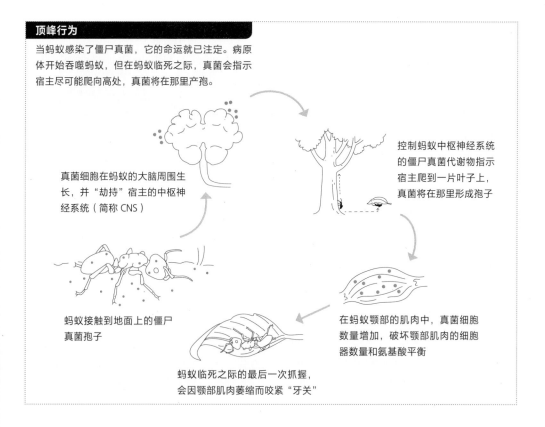

顶峰行为

当蚂蚁感染了僵尸真菌，它的命运就已注定。病原体开始吞噬蚂蚁，但在蚂蚁临死之际，真菌会指示宿主尽可能爬向高处，真菌将在那里产孢。

真菌细胞在蚂蚁的大脑周围生长，并"劫持"宿主的中枢神经系统（简称 CNS）

控制蚂蚁中枢神经系统的僵尸真菌代谢物指示宿主爬到一片叶子上，真菌将在那里形成孢子

蚂蚁接触到地面上的僵尸真菌孢子

蚂蚁临死之际的最后一次抓握，会因颚部肌肉萎缩而咬紧"牙关"

在蚂蚁颚部的肌肉中，真菌细胞数量增加，破坏颚部肌肉的细胞器数量和氨基酸平衡

已处在蚁群其他成员经常光顾的路径上方的叶子上，从而将真菌的孢子洒落在下方毫无防备的蚂蚁身上。

能感染宾夕法尼亚花萤（*Chauliognathus pennsylvania*）和有缘花萤（*C. marginatus*）的萤拟虫疫霉（*Eryniopsis lampyridium*）则有一个额外的窍门。在爬上菊科一枝黄花属（*Solidago*）植物的花梗后，这只注定会死的甲虫就会夹紧身体迎来死亡。然而，在爬上植物的 15 ~ 22 个小时后，在黎明时分，死去宿主的翅膀会张开，摆出交配的姿势，吸引其他甲虫尝试交配。随后，由于传染性孢子覆盖

在最初宿主的腹部，所以"追求者"会在不知情的情况下接触孢子。

另一种能使宿主僵尸化的真菌是蝉团孢霉（*Massospora cicadina*），这种奇怪的虫霉来自一个特化的属，该属共有 14 个物种。查尔斯·霍顿·佩克（Charles Horton Peck，1867—1915 年）是纽约著名的植物学家，他在职业生涯中收集的真菌、苔藓、蕨类植物和种子植物共计约 36 000 种。虽然没有接受过真菌学方面的培训，但他命名了 2700 种真菌，其中最奇怪的可能就是蝉团孢霉。你可以在第 92 页看到更多关于这个物种的知识。

Lophodermium pinastri

松针散斑壳

化学战

- ● 子囊菌门　Ascomycota
- ● 斑痣盘菌目　Rhytismatales
- ● 斑痣盘菌科　Rhytismataceae

栖息地｜森林和城市

所有的树木都会定期掉叶，这是植物体必经的衰老过程。每当生长季结束，日照减少、气温急剧变化以及环境变干旱等都可能引发落叶。衰老也是植物排出病原体的一种方式。落叶是寻找许多有趣的真菌的好地方，但大多数真菌都很小，你可能需要仔细观察。

你可能不会注意到松针散斑壳：这种微小的子囊菌看起来不过是二针松、三针松和五针松针叶上的黑色斑点。散斑壳属真菌是广为人知的全球阔叶树和针叶树的病原体，会导致针叶树落叶。该属的物种都被认为是寄生在枯叶（包括针叶）上的，而一些物种，如松针散斑壳，则是以植物内生菌的形式寄生在针叶内，属于无症状感染。

如果你的周围有松树，那我建议你去找一找这种真菌。散斑壳属真菌的子实体会出现在树木上残留着的或已经落在地面的枯针叶上。乍一看，它们不太像我们熟悉的真菌，但它们其实并不简单。经检查，松叶上可能会出现黑黝黝的橄榄球状子囊果，长度只有 0.8 毫米。黑色的子囊果在针叶上略微凸起，呈纵向排列。当成熟时，子囊果上会出现一条纵向的裂缝，孢子将从中释放。

更有趣的是，你可能会注意到穿过针叶的黑色区域线，这些线将散斑壳的子囊果一一分隔。当一种真菌的菌丝在植物组织中遇到另一种真菌的菌丝时，就会产生这些黑色线——这与切割被真菌感染的木材时看到的相同，真菌会使木材变色。

>> 图中显示了在松叶内生长的松针散斑壳菌落微小的子实体

Claviceps purpurea

麦角菌

历史毒物

- 子囊菌门　Ascomycota
- 肉座菌目　Hypocreales
- 麦角菌科　Clavicipitaceae

栖息地｜草地

　　麦角菌属共有 40 多种真菌，都是禾草、灯芯草和莎草的寄生菌。其中最有名的是麦角菌，它广泛分布于所有温带地区，宿主的种类超过 400 种，其中包括对人类非常重要的禾谷类作物。麦角菌只感染宿主的子房，而这时的宿主正处在人们最熟悉的生命周期阶段。被感染的子房（谷粒）会被一个坚硬、弯曲的紫黑色菌核（或称"麦角"）取代。

　　晚春时节，宿主植物正值花期，地上的菌核萌发形成微小的带柄的子座，有点像小蘑菇。子座内的子实体会产生有性孢子（子囊孢子）。这些孢子被用力地释放到空气中，通过花朵进入宿主植物，就像花粉一样。

　　虽然麦角菌利用菌核取代宿主的谷粒，从而降低了谷物产量，但其产生的有毒生物碱更值得人们关注，因为这些真菌毒素会让人类和牲畜因麦角中毒而生病。现代去除麦角菌的方法通常是在碾磨谷粒或将其用作动物饲料之前进行，但这个过程成本很高，而且可能会有残留。在美国的马萨诸塞州，臭名昭著的塞勒姆女巫审判案很有可能就是人们麦角中毒导致的。从 1692 年 2 月开始，塞勒姆有一些年轻女孩突然出现抽搐的症状，伴随着尖叫和胡言乱语。经过讯问，这些女孩指认了一个无家可归的乞丐、一个卧床不起的老妇人和一个加勒比女奴提图巴是女巫。最终只有提图巴被迫认罪：她承认与撒旦签订了协议，还供出了几个

"同谋"。小镇人心惶惶，对女巫的审判随之展开并持续了几个星期，而审判中得到的证据只是一些荒谬的证词。那些认罪或供出其他女巫的人能免于死刑，但那些辩称自己无罪的人就没那么幸运了：最后共有 19 名妇女被绞死，一名老人被石堆压死……

麦角菌孢子的形成

在有性繁殖阶段，从宿主植物上产生并在土壤中越冬的单个菌核中就会萌发出微小的蘑菇状生长物。

子座

菌核或麦角

紫黑色的麦角说明谷物感染了麦角菌

Fomes fomentarius
木蹄层孔菌

引火物

·····································

- 担子菌门 Basidiomycota
- 多孔目 Polyporales
- 多孔菌科 Polyporaceae

栖息地｜森林

木蹄层孔菌常被认为是一种病原体，因为它通常出现在活树的主茎上。不过，这种多孔菌更有可能是一种白腐菌，仅出现在枯死的树的心材中。如前文所述，在宿主树死后的很长时间内，真菌仍能继续生长，并留下美丽的带纹。

这种世界广布的真菌会产生巨大的马蹄形子实体，这种子实体在北半球很常见。在对意大利和瑞士的史前村庄进行考古挖掘的过程中，人们根据木蹄层孔菌的遗骸，发现其子实体长久以来一直被用作引火物，这甚至可以追溯到15 000年前的旧石器时代。所以这种真菌的英文名 Tinder Polypore 中的"tinder"（火绒）就来源于此。

在17世纪德国和法国的家庭手工业中，有一种便是利用木蹄层孔菌来制造引火工具包：将准备好的火绒真菌、一块打火钢和一块规整的硅石，装在一个小锡盒或一个小袋子里。从真菌的采集者到加工真菌的制造商，这个行业带来了许多就业的机会。到20世纪初，德国乌尔姆一家专门的制造厂每年能生产50吨原材料，雇用了大约70名工人。由于捣碎的真菌不会产生火焰、烟雾或臭味，因此也能制作成非常好用的灯芯或导火索（被称为"德国导火索"）——点燃后，它的燃烧很缓慢，可以在数小时甚至数天内持续燃烧，而且还能够被携带运输。

1991年9月，徒步旅行者在意大利和奥地利之间的蒂罗尔山脉融化的冰川中发现了一具男性木乃伊，即冰人奥兹（Ötzi）。最初，人们认为冰人奥兹是一名失足掉落冰缝的徒步者，但意大利博尔扎诺上阿迪杰考古博物馆的研究人员发现，他其实生活于公元前3300—前3100年。人们发现冰人奥兹死亡时还随身携带了大量物品，其中包括一把弓、多支箭和一块用来止血的桦滴孔菌（*Piptoporus betulinus*）。此外还有一块木蹄层孔菌，包裹在绿叶中，储存在一个容器里。毫无疑问，在他临死前，木蹄层孔菌正在阴燃。

>> 像木蹄层孔菌这样的多年生多孔菌，其子实体能在树上存在多年，每年都会长出一层新的产孢结构并变大

Ophiocordyceps sinensis

冬虫夏草

无价之药

- 子囊菌门　Ascomycota
- 肉座菌目　Hypocreales
- 线虫草科　Ophiocordicipitaceae

栖息地｜草地

冬虫夏草，即藏族人口中的"雅扎贡布"（yartsa gunbu），在青藏高原地区有着悠久的医学和文化方面的历史。关于冬虫夏草的文字描述最早可以追溯到 15 世纪，而且这个名称可能比其他俗名要早几百年。

如今，冬虫夏草几乎和牦牛一样成为藏族人生活生产的重心，每年春天都会有数十万人前往高山牧场寻找这种难觅其踪的真菌。由于不同地区的生产力不同，冬虫夏草带来的收入占西藏农牧民总收入的 50% ~ 90%。中国冬虫夏草的产量占世界产量的 98%，其中约 30% 产自西藏。近些年来，冬虫夏草的价格逐年增长，2021 年，冬虫夏草的价格大约为每千克 18 万 ~ 32 万元人民币。

然而长久以来，研究人员都对这种真菌与其宿主虫草蝙蛾（*Hepialus armoricanus*，及其相关物种）之间的联系感到困惑。虫草蝙蛾的幼虫以喜马拉雅山脉高海拔地区的草类等高山植物为食，然后在土壤下十多厘米深处以蛹的形式越冬，并在春天长成成虫。问题来了：冬虫夏草的孢子是如何找到并感染这些极难见到的幼虫的？

最近的研究发现，这种真菌以内生菌的形式存在于虫草蝙蛾栖息地的多种草类和开花植物中，而其幼虫以这些植物为食。更深入的研究则证实，真菌通过幼虫的消化系统使其感染，也就是说，在杀死宿主之前，真菌会在宿主体内存活很长时间。

冬虫夏草的生命周期

春天：真菌的子座冒出土壤（A）。在子座内形成的子囊壳释放孢子（B），孢子萌发并感染草类植物或蝙蛾幼虫。幼虫以草类植物为食，并深入地下化成蛹（C）。被感染的幼虫不会马上死亡，而是继续向下挖掘（D），当它们停下来，头部会朝上（E）。

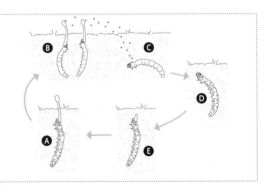

冬虫夏草在春天出现。令人惊讶的是，这种真菌不仅会破坏植物的免疫系统，也会破坏昆虫的免疫系统以完成其生命周期。肉座菌目的其他真菌也能在不同的宿主之间转移，从植物转移到动物，从真菌转移到动物，等等

Fusarium graminearum

禾谷镰孢菌

生物战剂

....

- 子囊菌门　Ascomycota
- 肉座菌目　Hypocreales
- 丛赤壳科　Nectriaceae

栖息地 | 农田和城市

单端孢霉烯族化合物（trichothecenes）是一类由某些真菌产生的化学毒素，包括镰孢菌属（*Fusarium*，尤其是禾谷镰孢菌）和葡萄穗霉属（*Stachybotrys*）、木霉属（*Trichoderma*）和单端孢属（*Trichothecium*）的真菌。单端孢霉烯族化合物主要出现在变质或发霉的谷物（如小麦、燕麦、大麦或玉米）中，并通过食物传播，引起人类、牲畜和其他动物中毒。

单端孢霉烯族化合物导致人类中毒的事件中，最著名的一次发生在第二次世界大战后不久的苏联，据估计有 10 万人死于被 T-2 毒素污染的谷物。鉴于其毒性，有人专门研究单端孢霉烯族化合物并将其用作可怕的生物战剂似乎并不稀奇。那么，这些毒素真的曾经被用在战争中吗？至少美国前总统罗纳德·里根（Ronald Reagan）是这么认为的。1975 年夏天，在老挝政府控制的地区传出有人使用苏联提供的化学武器恐吓当地苗族民众的报道。据数千名被赶出山区避难所的难民所说，他们遭遇了"黄雨"，鼻子和牙龈出血，也有失明、战栗、癫痫等症状发作甚至死亡的案例。里根总统根据美国中央情报局秘密收集并分析的"黄雨"样本结果，指控苏联向其盟友国越南和老挝提供用单端孢霉烯族化合物制成的生物战剂。

然而，以哈佛大学科学家马修·梅塞尔森（Matthew Meselson）为首的一个科学家团队在前往东南亚地区进行调查后，证实里根总统的指控是错误的。研究人员得出结论，在树叶上发现的黄色水滴可能是由蜜蜂产生的：由于蜜蜂经常成群结队地离开巢穴，并产生大量带有花粉的粪便，这些粪便可以覆盖大约 1 英亩（约 4047 平方米）甚至更大范围的地面，并形成数十万个黄色斑点。而中央情报局在一些样本中发现的毒素痕迹则很有可能是实验室污染造成的假阳性，这种情况是合理的，因为中央情报局将原始样本送往的实验室是一个真菌毒素检测中心，处理过成吨含有真菌毒素的谷物和其他农产品。此外，人们并未发现任何化学弹药，而且在数百名接受询问的越南士兵中，没有人提供过任何信息表明使用了一种与"黄雨"类似的武器。因此，美国中央情报局提供的所谓证据几乎是基于错误的情报、错误的数据和对基础科学的误解而得出的结论。

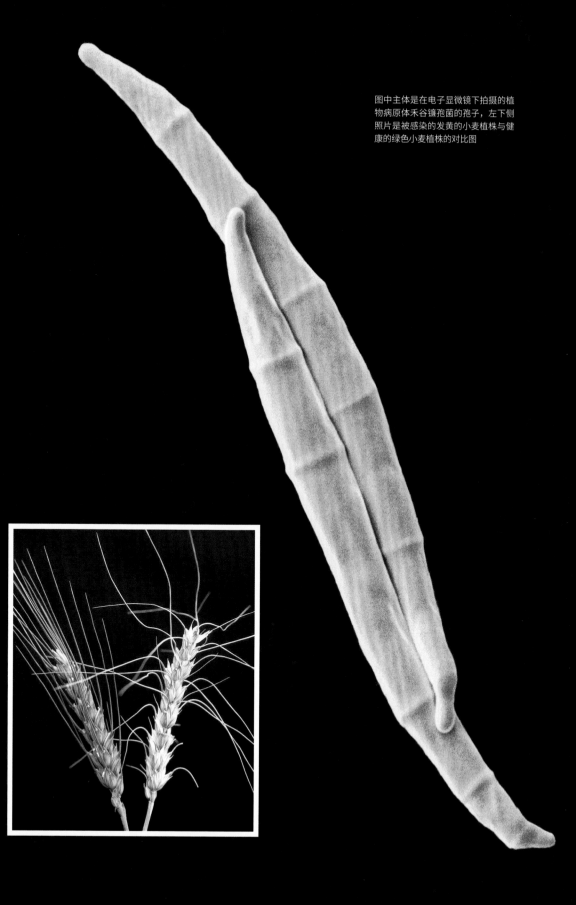

图中主体是在电子显微镜下拍摄的植物病原体禾谷镰孢菌的孢子，左下侧照片是被感染的发黄的小麦植株与健康的绿色小麦植株的对比图

Massospora cicadina
蝉团孢霉
可怕的繁殖方式

- 接合菌门 Zygomycota
- 虫霉目 Entomophthorales
- 虫霉科 Entomophthoraceae

栖息地 | 森林和城市

　　无论你住在哪里，对蝉鸣应该都不会陌生。蝉是一种体型相对较大的飞行昆虫，属于半翅目这个庞大的家族（成员超过 3000 种）。它们一生中大部分时间都以幼虫的形态在地下生活，以吸取树根的汁液为生，然后在夏天（以成虫形态）出现，用响亮不停的"知了"声把人类"逼疯"。尽管蝉鸣让我们的耳朵备受折磨，但蝉的一生及其奇怪的共生菌，都令人称奇。

　　秀蝉属（*Magicicada*，也被称为"周期蝉"）是仅分布于北美洲东部的小型蝉类，其生活习性与众不同。它们不像其他蝉类每年都会出现，相反，它们会在地下生活 13 年或 17 年（取决于种类），然后就像商量好了似的成群出现。每当周期蝉出现，在 3 ~ 4 周的繁殖期内，它们的数量能达到每英亩近 10 亿只。

　　面对这样的数量规模，即使天敌大吃特吃，也只能吃掉其中很小的一部分。对周期蝉来说，更大的威胁是蝉团孢霉。当周期蝉幼虫为了羽化而爬出地面时，这种接合菌就会附着在幼虫身上。真菌的菌丝在宿主体内生长，宿主的腹内将充满分生孢子。这种真菌会产生赛洛西宾（psilocybin，一种致幻物质）和卡西酮（cathinone，一种兴奋剂），导致宿主在生命最后的几天里疯狂飞行，并不断寻找伴侣进行交配，使其也被真菌感染（真菌得以传播）。

　　在宿主体内萌发导致其二次感染的真菌会产生有性孢子，这些孢子可以在土壤中休眠多年。实验研究表明，孢子在 13 ~ 17 年或者更长的时间内都不会萌发。在感染的最后阶段，宿主蝉腹部的末端（包括生殖器）会脱落，当它们四处飞舞时，就像会飞的盐瓶，向地面撒下孢子，落地的孢子将在原地等待下一代宿主的到来。

>> 一只成年蝉携带了一种致命的病原体而不自知。当真菌进入繁殖阶段，宿主腹部的末端脱落，露出充满孢子的菌丝

SAPROBES & PARASITES
腐生菌与寄生菌

腐烂的世界

　　真菌在地球的生态系统中扮演着多种多样的角色，它们获取营养的方式也各不相同。真菌不能像植物那样利用阳光作为能源，也无法像细菌那样从无机化合物的氧化作用中获取能量，也就是说，真菌无法"自己制造食物"，相反，它们的生存依赖于其他生物。

⤊ 褐腐菌分解木头时会产生块状的
褐色木屑

◂◂ 白腐菌分解木头产生的白色纤维
状碎屑

和人类一样，真菌也是异养生物，这意味着它们需要从其他生物那里获得能量和营养，无论是腐生性的（通过分解死去的有机物），还是活养寄生性的（通过与其他生物共生）。"共生体"（Simbiont）一词常被误用来表示一个群落中的两种生物都能从群落中受益，但根据定义，共生体只是两种生活在一起且关系紧密的生物。当然，共生体之间可以是互利共生的关系，两种生物都受益；而寄生生物和病原体与其宿主分别也是共生体的关系，但它们都对宿主有害（还有一些偏利共生关系，即其中一种生物受益，另一种生物既不受益也不受害）。我们将在下一章探讨互利共生的真菌，本章集中讨论的是真菌腐生和寄生的生活方式。

对真菌系统发育的分析表明，直到石炭纪末期（3.6亿~ 2.9亿年前）才出现能够使木本植物腐烂的真菌，这可比木本植物的演化晚了一大截。也就是说，所有早期的有机物都没有经过分解，而是堆积起来，通过化学还原作用发生变化，变成化石或煤炭等化石燃料。（随着木腐菌的大量繁殖，二叠纪期间，全球煤的储量急剧减少。）

如果你仔细观察森林中一棵倒下的树，你会发现一个微型生态系统。当树木死亡时，其所含的有机物质——可能是成吨的碳水化合物、蛋白质和其他生命的组成部分——都会被任何有能力分解木头的生物吸收。简单的单细胞细菌可以吸收木头表面的糖分，而黏菌则会慢慢渗出并吞噬这些细菌。真菌可以有效地利用纤维素酶（分解纤维素的酶）分解木头，而蛀木甲虫、树蜂和其他节肢动物都能以真菌栖息和分解的木头为食（大多数情况下，真菌是被昆虫"接种"到木头中的）。同时，鸟类和哺乳动物会在树木上捕食节肢动物，而森林中的其他成员会在树洞中安家。当原木成为幼苗的哺育木，或被完全分解回归土壤时，这棵树的生命周期就算完成了。

碳水化合物及其他有机物分解时发生的化学作用过程几乎与光合作用相同，只不过方向相反。在光合作用过程中，植物的叶绿素捕捉阳光中的红光和蓝光（很少会利用绿光，而是反射绿光，所以植物看起来是绿色的）。阳光被转化为能量，以"固定"大气中非常丰

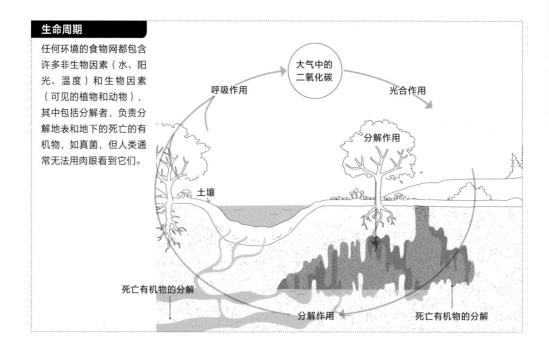

生命周期

任何环境的食物网都包含许多非生物因素（水、阳光、温度）和生物因素（可见的植物和动物），其中包括分解者，负责分解地表和地下的死亡的有机物，如真菌，但人类通常无法用肉眼看到它们。

大气中的二氧化碳

呼吸作用

光合作用

分解作用

土壤

死亡有机物的分解

分解作用

死亡有机物的分解

富的二氧化碳分子，形成碳和氢的长链分子，即植物体的碳水化合物。试想，你能看到的几乎所有的植物，从娇弱的树苗到美国最高大的红杉，其实都来源于空气，是不是很不可思议？

在光能的驱动下，一种神奇的酶催化了固碳反应的发生，这种酶的名字同样令人印象深刻：核酮糖 -1,5- 二磷酸羧化酶 / 加氧酶（简称 RuBisCO），这是地球上最常见的酶，它将一个一个的碳固定为由 6 个碳原子组成的单糖——己糖，这些己糖连接在一起形成植物生长所需的纤维素和其他碳水化合物。

而真菌（以及你和我）在有氧呼吸过程中则做着相反的事儿：己糖（如葡萄糖）经过脱氢破坏氢键释放出供给细胞运作的能

量，剩下的大部分单碳几乎毫无用处，它们经过氧化作用最终以二氧化碳的形式排出，而氢最终也会以水的形式排出——我们的尿液中主要就是这种废水，以及其他溶解于水中的废料。

木腐菌

植物体内含有大量的纤维素和木质素。这两种化合物都很难被分解，分解时需要很多酶和其他反应过程。在大多数情况下，木腐菌擅长分解其中的某一种化合物，而大部分木腐菌的目标都是一致的：纤维素。直接分解纤维素的真菌被称为"褐腐菌"，因为被它们侵蚀后的木头中会留下棕色的木质素。木质素是一种由环状分子组成的聚合物，非常坚韧，它能增强木头的强度。如果纤维素被"清除"，木头就会碎裂成小方块。表层土和腐殖质层之所以呈深棕色，就是因为其中大部分为木质素，而木质素对微生物来说太难分解了。多孔菌中的炮孔菌属（*Laetiporus*）、栗褐暗孔菌（*Phaeolus schweinitzii*）和拟层孔菌属（*Fomitopsis*）等都属于褐腐菌。

相比之下，"白腐菌"具有强悍的过氧化物酶和漆酶，可以分解木质素，漂白木头，分解后会留下纤维状的白色纤维素。很多研究人员认为，尽管有证据表明这些真菌能够将木质素完全分解为二氧化碳，但它们的主要目的是去除木浆中的木质素，以便更好地获取纤维素。在世界各地已知的白腐菌中，有纤孔菌属（*Inonotus*）、灵芝属和栓菌属（*Trametes*）等多孔菌，还有侧耳属（*Pleurotus*）、蜜环菌属以及广受欢迎的栽培香菇等。

许多木腐菌不会等到树木死亡才"发动攻击"，活着的树上通常会结出很大的层孔

︿　木腐菌会分解并侵害立木内部（称为"心材腐朽"），直到其最终断裂并倒下，留下被真菌覆盖的树桩

可利用的酶

不过，白腐菌的"破坏力"可以被很好地利用起来：鉴于白腐菌能分解木质素从而漂白木浆，黄孢原毛平革菌（*Phanerochaete chrysosporium*）作为一种对环境无害的漂白剂，取代了造纸工业原来使用的化学合成制剂，这是非常有意义的。

<< 将原木切割后，露出了被真菌腐蚀了多年的心材

>> 微小的耳匙菌会分解针叶树的小型球果（图为花旗松的球果）。球果就是它的栖息地。很少有生物能分解掉落在森林地面上的球果，所以耳匙菌所占的生态位并没有多少竞争者

菌子实体。这是因为树的主体部分是心材（死亡的木质部内部），只有树皮下的木质部外部是活组织。因此，一个伤口就能破坏树皮的完整性，心材腐朽随之而来。（类似的，干基腐发生在树根处。）

心材腐朽的过程能持续多年，而不会对树木产生太大影响，毕竟心材本身是"死"的，而且在某种程度上，空心管的强度与实心管差不多。因此，虽然人们很容易就能判断"挂"在树上的层孔菌是寄生菌，但其实很少有多孔菌是寄生在活组织上的。在大多数情况下，一棵健康的树会采取措施抑制这些腐朽心材的真菌，并防止它们侵入活的组织。

虽然人们对大型担子菌木腐菌最为熟悉，但如果仔细观察，也能发现许多子囊菌白腐菌。比如轮层炭壳属（Daldinia）和炭角菌属真菌会以小块和小突起的形式大量出现在树枝和倒下的原木上，虽然看起来不太起眼，却是腐蚀木材的好手。此外，尽管不是一个定律，但通常情况下，褐腐菌更可能出现在针叶树上，而白腐菌主要攻击阔叶树。

树叶和草坪

树木可不只有枯木和倒下的原木可以作为营养来源，其他部分也是可利用的。落在地上的叶子很快就会成为（真菌的）基质：许多受欢迎的食用菌，如美丽的紫丁香蘑（Lepista nuda），都能在秋天落叶的堆积处找到；松针散斑壳高度专性地分解针叶树的针叶，而外观奇特的耳匙菌（Auriscalpium vulgare）则是高度专性地侵蚀松果，这两种真菌都常见于北方深秋的森林里。

由于对森林冠层落下的有机物的竞争过于"激烈"，一些真菌甚至制造出了一种"网"，能在有机物掉到地面之前就将其捕获。在南美洲和西非的热带雨林中，鬃毛小皮伞（Marasmius crinis-equi）类真菌能在地面甚至在树冠之间长出强壮的菌索。随着菌索网络越来越大，就能捕获落叶和其他落下的有机物碎屑作为腐生菌的食物来源。

鸟类会积极收集这些菌索作为筑巢的材

料，这对真菌来说是有利的，因为在小鸟离巢后，真菌能继续生长并"消化"巢。而这些能捕获有机物碎屑的真菌也有利于鸟类，因为它们的菌索能加固巢的结构，同时降低巢的含水量，此外，这类真菌能产生抗生素化合物，可能有利于提高亲鸟及其雏鸟的适应性。

与倒下的原木或森林潮湿的落叶不同，公园的草坪或其他大片的草地更容易变得干燥，不过对已经适应这种栖息地的真菌来说，这里有大量的纤维素等着它们来享用。虽然草坪似乎不太适合采蘑菇，但却是观察真菌活动的好地方。比如，长在草甸或田野的蘑菇（蘑菇属，*Agaricus*）和硬柄小皮伞（*Marasmius oreades*）等会在它们生长活跃的草地上形成明显的绿色弧形或圆环——"蘑菇圈"（也称"仙女环"）。关于蘑菇圈的细节请见第124页，你们将会了解到这些"生态系统工程师"所做的远不只是分解枯草。

粪生真菌

食草动物排出的粪便中含有大量未被消化的纤维素，这对粪生（"嗜粪"）真菌来说，有很高的营养价值。由于食草动物已经咀嚼研磨并部分分解了纤维素，在其他"竞争者"到来之前，粪生真菌作为首先在粪便中定居的物种，形成了有趣的特化。最先出现的是粪居缘刺盘菌（*Cheilymenia fimicola*），其次是担子菌，包括喜粪黄囊菇（*Deconica coprophila*）、粪生裸盖菇（*Psilocybe merdaria*）和半卵形斑褶菇（*Panaeolus semiovatus*）。锥盖伞属（*Conocybes*）和小鬼伞属（*Coprinelli*）的物种也很常见。

只要有粪便可供利用，就会有粪生真菌。人们在土壤层、湖泊沉积物和永久冻土层的深处都发现了粪生真菌的孢子。粪生真菌的孢子特别坚韧，抗性极强，孢壁很厚，能帮助孢子平安通过食草动物的肠道系统，也有利于孢子形成化石。

小荚孢腔属（*Sporormiella*）真菌是一类子囊菌，能产生形状独特的深色孢子，即使是几千年前的孢子，在土壤沉积物中也能清晰可见。这些孢子是历史上植被变化的指示物，其在土壤中的丰度变化可以关联食草动物的数量变化。利用这些真菌，科学家能够确定北美洲的巨型哺乳动物占据生态系统主

➤➤　芬兰的驼鹿粪便中粪居缘刺盘菌微小的子实体

微小的担子菌腐生菌鬃毛小皮伞看起来很脆弱，但它们的菌索非常坚韧，通常缠绕在植物周围（如圆图所示），甚至能跨越森林中植物之间的距离，诱捕从树冠层落下的叶片

导地位的时期，及其在更新世末期气候变化和古印第安人狩猎压力等因素影响下数量减少的时期。例如在末次冰期后，北美洲粪生真菌的数量一直很少，直到17世纪，欧洲殖民者带着牲畜来到这里，经由牲畜粪便的不断增加，粪生真菌的数量才开始增长。

小荚孢腔菌见证了世界各地人类的到来和大型食草动物的灭绝。从几百年前新西兰的不会飞的恐鸟，到公元200年马达加斯加的巨型动物群，以及4万年前澳大利亚的巨型动物群，在这些灭绝事件中，随着大型食草动物的消失，土壤中的小荚孢腔菌也消失了；而每当人类在某地引入家养的牲畜，土壤沉积物中的孢子数量都会增加。

除了寄生在大型动物的粪便中，真菌还可以利用看似微不足道的昆虫的排泄物。许多吸食式害虫（如蚜虫）所排出的含糖的"蜜露"（未消化的植物汁液）很容易被黑霉侵染。这些嗜糖的黑霉会让所经之处都变色，包括蚜虫的觅食处以及蜜露落下的位置，甚至是我童年时的白色木制秋千也都变黑了，我的妈妈当时非常懊恼！

嗜肉真菌

虽然有许多真菌能分解植物，但有的真菌却是"嗜肉"的，这意味着它们适应于分解动物尸体及其他高氮或氨化的有机物。如嗜酸粘滑菇（*Hebeloma syrjense*）和嗜氨粘滑菇（*H. aminophilum*）会在新鲜的尸体上繁殖，而这些鲜为人知的真菌的孢子很有可能是被麻蝇科（*Sarcophagidae*）的食肉蝇或其他节肢动物带到尸体上的。与含氮物质有关的真菌包括地杖菌属（*Mitrula*）、蜡蘑属（*Laccaria*）、根霉菌属（*Rhopalyomyces*）、桶孢属（*Amblyosporium*）、粪盘菌属（*Ascobolus*）、灰顶伞属（*Tephrocybe*）、盘菌属（*Peziza*）、鬼伞属（*Coprinus*）、十字孢伞属（*Crucispora*）和毡盘菌属（*Byssonectria*）等，但人们对其关联性仍不十分清楚。而这些真菌中有很多（包括粘滑菇属真菌）都是菌根真菌。

人们对这类真菌的了解大多来自日本真菌学家相良真彦（Naohiko Sagara），他专门研究这些真菌。如果将尿素或其他能分解成氨的化合物埋在树林中，嗜肉真菌就能长出子实体，因此即使没有新鲜的尸体，其他氨源也能成为这些真菌适宜的栖息地。相良发现，长根粘滑菇（*Hebeloma radicosum*）的子实体可以用来定位鼹鼠的巢穴，其菌丝体就生于这些小型哺乳动物的"厕所"中。膜鞘粘滑菇（*Hebeloma sarcophyllum*）、嗜酸粘滑菇和长根粘滑菇在北半球均有发现，只不过都属于罕见的物种，而嗜氨粘滑菇仅发现于澳大利亚。它们的繁殖都与腐烂的动物遗骸有

关，有时会被应用于法医学的研究中。

通过嗜肉真菌我们可以看出，无论营养的来源是什么，无论分解起来有多么困难，在自然界中都有一群微生物已经找到了解决的方法。动物的某些组成部分在其死后的很长时间内都依然存在，如毛皮、羽毛和角等，这些都是由角蛋白构成的。角质化的物质都非常坚硬，但有一类真菌能够分解它们，即爪甲团囊菌目（Onygenales）真菌。而其中最不寻常（且最不为人所知）的爪甲团囊菌属（Onygena），我将在第122页详细介绍它。

<< 在北欧，这种微小的湿生地杖菌（*Mitrula paludosa*）是罕见的——谁会在静水中寻找蘑菇呢？湿生地杖菌会出现在季节性水塘、沼泽和泥炭沼泽腐烂的树叶或掉落的柳絮上。北美洲的秀雅地杖菌（*M. elegans*）与之相似，也很少见

∨ 一种哺乳动物的角，上面覆盖着马爪甲团囊菌（*Onygena equina*）微小的子实体

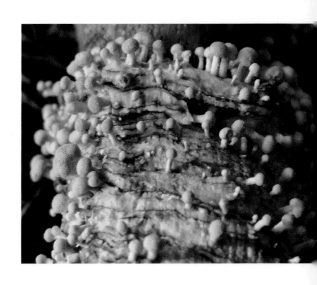

动物寄生菌

如果我们是从学校、书籍和电影中得到真菌的信息，那了解到的就是：真菌是分解者。虽然很多真菌确实是"分解大师"，但它们大多都是活养寄生型，与其他生物有着密切的联系。其实，地球上的生物，包括原核生物和真核生物，大部分都是寄生生物。

幸运的是，寄生于人类和其他哺乳动物的真菌并不多。最有可能折磨我们的是皮肤真菌，它们会停留在我们的皮肤表面，主要以死皮或皮脂（皮脂腺的油性分泌物）为食。一些真菌可以在皮下生长，导致皮下组织局部感染；当你（皮肤）的常驻微生物群落失衡，或者免疫功能低下，有的真菌甚至可能趁机在你体内引起一些并发症。此外，还有一些真菌是人类的严重病原体。

皮肤真菌通常被称为皮肤癣菌，它们通常寄生在皮肤上。其中大多数（以及真正的致病性真菌）都属于爪甲团囊菌目，这是一

个世界性的子囊菌群，是少数能够分解角蛋白的微生物之一。皮肤癣菌中，有很多仅见于人类，在临床上被称为"癣"。根据皮肤癣菌所处的身体部位，它们引发的疾病有各种各样的名称，如足癣、头癣和股癣等。

你可以把癣想象成在皮肤上长出的"仙女环"。当真菌穿过（大部分）死皮的最外层向外生长时，它会对皮肤产生轻微的刺激，使皮肤局部发红。这种刺激会进一步加剧皮肤的脱落，从而为真菌提供更多食物，剥落的死皮还能帮助真菌传播到其他宿主身上。

最常见的皮肤癣菌包括小孢子菌属（*Microsporum*）、毛癣菌属（*Trichophyton*）和表皮藓菌属（*Epidermophyton*）等，但最"臭名昭著"的是阿耶罗菌属（*Ajellomyces*）真菌。不过人们更为熟知的是其中无性型的物种：

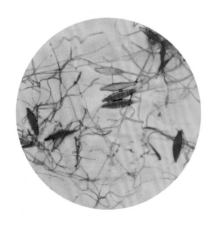

≪ 在显微镜下看到的犬小孢子菌（*Microsporum canis*）的大分生孢子，这是一种感染狗的皮肤癣菌

≫ 这是在电子显微镜下被数码染色的马拉色菌属（*Malassezia*）真菌的细胞，这种真菌的繁殖方式与酵母菌相同，它是导致头皮屑的病因之一

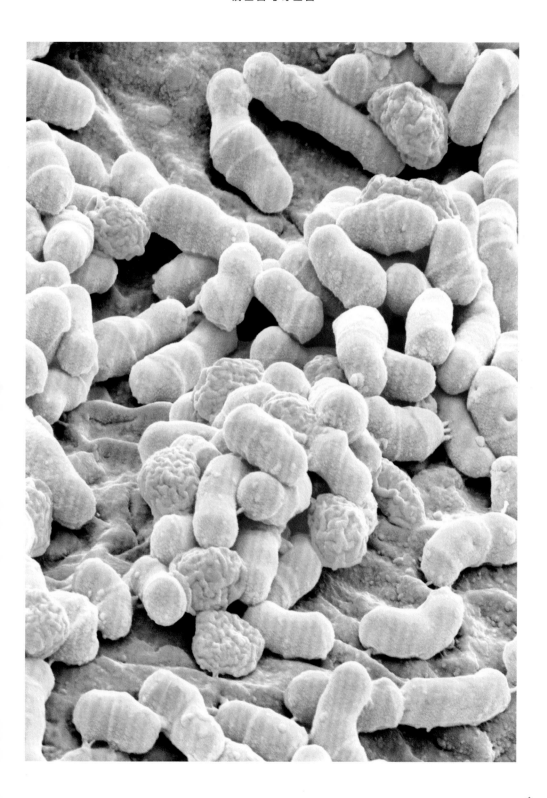

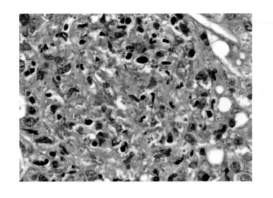

<< 对人的肝脏的活检显示其患有组织胞浆菌病。在染色的细胞中，鲜红色的小团块即病原体，深色的是肉芽肿

>> 在显微镜下，经数码染色后可观察到申克孢子丝菌的菌丝和孢子梗

↰ 从阴道拭子中分离出的白念珠菌。经染色后在显微镜下观察，真菌的菌丝和厚垣孢子[1]清晰可见（蓝黑色），粉红色的斑点则是人类健康的上皮细胞

荚膜组织胞浆菌（*Histoplasma capsulatum*）、皮炎芽生菌（*Blastomyces dermatidis*）、粗球孢子菌（*Coccidioides immitis*）和巴西副球孢子菌（*Paracoccidioides brasiliensis*）。这些真菌都可以自由地生活在土壤和有机物中，而且能被人吸入体内，有时会导致严重的问题。组织胞浆菌可见于高氮的基质中，如鸟粪、蝙蝠粪和养鸡场中；球孢子菌会导致"球孢子菌病"，（在美国）主要分布于西南区干旱的土壤中；副球孢子菌目前仅发现于美洲大陆中部和南部；而在土壤和植物碎屑中均发现了芽生菌。

有一种特殊的皮下病原体——申克孢子丝菌（*Sporothrix schenckii*），会引起"孢子丝菌病"。这种真菌在植物材料上比较常见，包括温室和（偶尔也在）花店中使用的水苔。它只能通过受伤的皮肤进入人体内（通常是被植物的棘刺或尖锐的工具刺入），但一旦进入人体，它就会调整繁殖方式，像酵母菌一样生长。一开始，申克孢子丝菌会引起（皮下）轻微的局部感染，但在极少数情况下，它能通过淋巴结传播，在患者体内引起严重的病变。

在我们的身体上还有许多常驻的酵母菌，其中马拉色菌最为常见。这种真菌会导致头皮屑的产生，不过它在人体的其他部位也很常见。它特别适应以人体产生的皮脂为食。事实上，这种真菌无法储存脂肪——它可能是失去了这种能力，而只能完全依赖于宿主。

还有一种常见的酵母菌是白念珠菌（*Candida albicans*，也叫白假丝酵母），它存在于人体的胃肠道和其他部位。如果环境足够湿润，这种真菌甚至几乎可以在人体的任何部位生长，且其生活方式非常有意思。通常情况下，白念珠菌以芽殖的形式生长，但在皮肤或口腔中，它会转为"侵入模式"，以菌丝的形式生长。真菌产生的毒素（一种刺激物质）能帮助它侵入人体组织，导致大多数人都很熟悉的皮疹——"鹅口疮"。口腔内的念珠菌病会让人非常痛苦。

1　在菌丝中间或末端形成的厚壁无性孢子，通常能够抵御不良环境的影响。

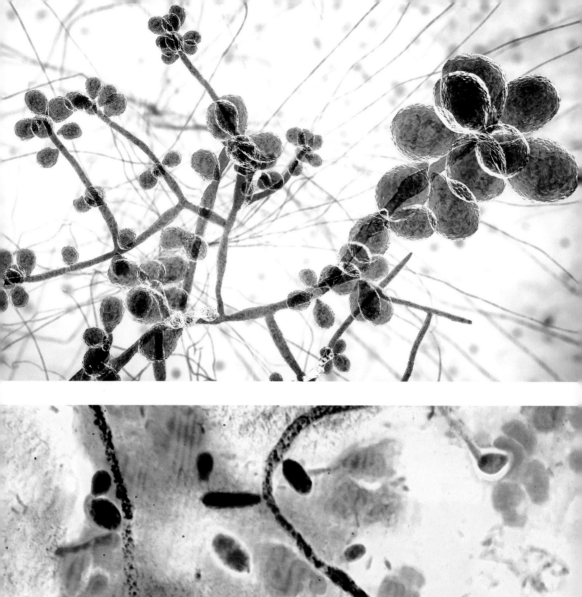
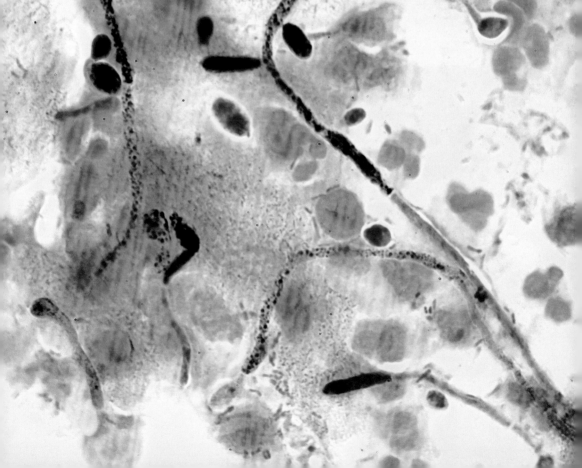

植物寄生菌

真菌是迄今为止最成功的植物病原体——在所有的植物病原体中，有 60% ～ 70% 是真菌。病原体一开始可能是活养寄生性的，以活宿主的组织和资源为生，但在宿主死后可能转变为腐食营养性，继续依靠宿主的组织生存。

一棵完整、健康的植物很少会受到微生物的攻击，因为其外部有着坚硬的角质层和防水的蜡层作为保护，而多年生的组织（如树木）还可能会形成木栓层以增强保护。植物非常擅长抵御病原体，即使是最厉害的植物病原体也只能攻击某些特定的植物。因此，

许多植物病原体是高度专性的，只会攻击单个植物物种，甚至可能只攻击一个物种的某些品种。

> ❯ 美洲苹果锈病菌（*Gymnosporangium juniperi-virginianae*）是一种常见于（北美洲）房屋周围的锈菌

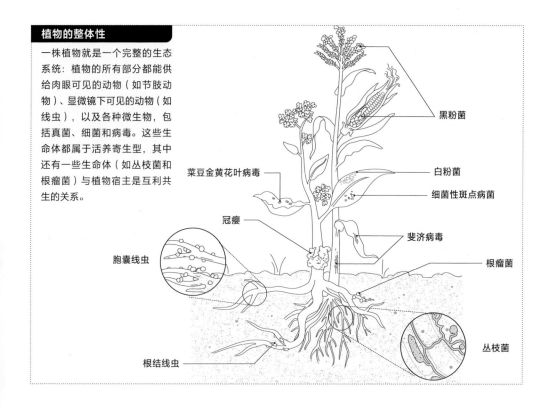

植物的整体性

一株植物就是一个完整的生态系统：植物的所有部分都能供给肉眼可见的动物（如节肢动物）、显微镜下可见的动物（如线虫），以及各种微生物，包括真菌、细菌和病毒。这些生命体都属于活养寄生型，其中还有一些生命体（如丛枝菌和根瘤菌）与植物宿主是互利共生的关系。

黑粉菌

白粉菌

细菌性斑点病菌

斐济病毒

根瘤菌

丛枝菌

菜豆金黄花叶病毒

冠瘿

胞囊线虫

根结线虫

为了破坏植物的保护外层，真菌"部署"了大量化学武器和物理武器。为了穿透植物组织，真菌必须先附着在宿主的表面：菌丝接触宿主表面，并形成一个扁平的"附着胞"（在菌丝顶端形成的膨大的球状物）。接下来，真菌可能"制造"出能侵蚀植物表层的强力化学酶，或者产生一个硬化的"侵染楔"，施加压力迫使菌丝穿过植物外层的微小开口。

真菌菌丝一旦突破植物的防御系统，就可以进入植物体内并在其细胞间生长，或者直接杀死植物组织。通常，植物会产生"免疫反应"，释放化学物质杀死被感染的植物细胞——通过局部自杀的方式控制感染的范围。这种超敏反应是植物的一项重要的防御手段，广泛存在于整个植物界。

由于活养寄生型真菌需要在活的宿主体内生长，所以它们往往不会杀死宿主的细胞，而会在不破坏细胞膜的情况下穿过细胞壁。细胞质中的植物物质仍能继续穿过细胞膜向其他植物细胞移动，只不过会被寄生菌"偷走"。为了顺利进入植物细胞，许多活养寄生型真菌的顶端都具有特殊的结构，如复杂的纹饰或分支，以增加吸收的表面积。

活养寄生型真菌通常会模仿植物宿主产生植物生长调节剂（有时也可称为"植物激素"），改变宿主的生理机能，使之利于真

▲ 蜜环菌属真菌在树底下长出子实
体，对这棵树来说可不是件好事儿

菌的生长。其中一些植物生长调节剂会使宿
主出现一些明显的症状：发育迟缓、过度生
长、虫瘿、毛状根、丛枝病、茎或其他部位
畸形、落叶，甚至会抑制芽的生长。还有一
种症状是叶子生长过多，形成莲座叶，甚至
类似于头状花序。一些真菌病原体甚至能形
成莲座叶"假花"，以帮助其孢子传播到另
一宿主植物上。

真菌病原体的类型

　　在大多数重要的真菌类群中都有植物病
原体，包括最原始的真菌之一——壶菌。雨

季时，壶菌的游动孢子可以利用其鞭状的鞭
毛"游"过土壤，到达宿主植物上。水生壶
菌专门"捕食"植物花粉：它们能锁定花粉
粒，钻取其内部丰富的营养。

　　目前已知的真菌绝大多数都是子囊菌，
因此大多数植物病原体也都属于这一类。由
于它们都很小，常常不被人注意，其中许多
种类会在植物表面产生微小的子实体。

　　干基腐（树木根部的真菌感染）在森
林中很常见，而城市地区的树木在被人、车
辆或其他机器破坏后更容易受到各种病原体
的侵袭，发生干基腐的概率并不亚于森林。
在森林中，树木发生根部感染会减少木材的
体量和可采伐量，但从积极的角度来看，森

林中空地的面积可能有所增加，各种啄木鸟也更容易找到栖息地。但如果是城市的树木发生感染，会严重削弱树的根基，使其更容易被折断或被风吹倒，这样的树木对公众来说很危险，需要及时清除它们。有很多真菌都会引起干基腐，且几乎都是担子菌。一般来说，这些病原体会杀死树木根部的细胞，腐蚀整个根部，还经常会杀死根颈处边材和形成层的细胞。病原体还能从其感染的根部扩散到邻近健康树木的根部。常见的干腐菌包括一些相当大的多孔菌，如纤孔菌属、灵芝属、奇果菌属（*Grifola*）、炮孔菌属、肉孔菌属（*Meripilus*），以及毛翁孔菌（*Onnia tomentosa*）、多年异担子菌（*Heterobasidion*

annosum*）、栗褐暗孔菌等。

苹果黑星菌（*Venturia inaequalis*）是一种较为常见的植物病原体，它会导致苹果黑星病（也称为疮痂病）。这种真菌对苹果的影响由来已久，因为在 15 世纪和 16 世纪的绘画作品中所呈现的苹果上都能观察到这种病症，卡拉瓦乔的画作《以马忤斯的晚餐》（1601 年）也有所描绘。起初，所有常见的苹果品种都容易被这种真菌感染，直到 19 世纪末，人们才研发出化学处理方法来预防苹果的感染：在感染之前，使用铜或硫制剂的杀菌剂就可以保护苹果，不过这些化学制剂会严重破坏苹果树的叶片。如今，尽管有高效的化学制剂和具抗性的苹果品种，苹果

巨型真菌

有的真菌会产生加厚的绳状菌索，以方便它们在基质间的移动。森林中的蜜环菌属物种通过其长长的菌索，能高效地从一个（被砍伐后留下的）树桩移动到另一个树桩。这些菌索是黑色的，毫无疑问，黑色素的"黑化"作用可以保护真菌在森林地面"开疆辟土"时免受阳光的伤害。当树皮从腐烂的原木上脱落时，真菌的这些"鞋带"将迎来它们的"高光时刻"。蜜环菌不仅是一类高效的腐生菌，也是一类具攻击性的病原体。舞毒蛾（*Lymantria dispar*）或其他应激物会导致落叶，使树木变得虚弱，更容易感染蜜环菌根腐病。大金钱菌属（*Megacollybia*）是另一类能在树桩、树枝及森林其他落叶上形成绳状菌索的腐生菌。

黑星病在北美洲、南美洲、欧洲和亚洲等地
区造成的经济损失在与苹果相关的疾病中仍
是最大的。此外，这种真菌还会攻击蔷薇科
的其他果树。

　　苹果黑星菌是格孢腔菌目下的子囊菌。
与其他大多数子囊菌一样，苹果黑星菌通过
分生孢子进行无性繁殖，它在这个阶段被称
为 *Spilocaea pomi*。感染宿主后，苹果黑星菌
很快就会产生分生孢子，并通过风和飞溅的
雨滴传播，迅速扩散。在一个生长期内，分
生孢子的产生和传染可能会有多个周期，从
而引起严重的"植物流行病"暴发。被深度
感染的叶片或果实通常会过早地从树上掉

⌃　从卡拉瓦乔的画作《以马忤斯的
晚餐》中能看到感染了苹果黑星病的
水果的细节

≫　感染了苹果黑星菌的果实和叶子
上出现变色的斑点

落，果实也会因品相不好变得无人问津。苹果黑星菌经过有性繁殖在叶片组织内形成产孢结构——子囊。当春天叶子变得湿润时，真菌的菌丝膨胀并从叶面伸出，然后用力排出子囊孢子，完成生命周期。

锈菌和黑粉菌

锈菌和黑粉菌都是担子菌，与蘑菇是"近亲"，而且都是植物的寄生菌。尽管它们大多数都很小，却共同组成了庞大且迷人的真菌类群。锈菌特别有趣，因为很多锈菌都是转主寄生（heteroecious，在不同的生命周期状态需要两种以上不同的宿主），而黑粉菌则是单主寄生（monecious，在生命周期中只有一个宿主）。

全世界大约有 168 个属约 7000 种锈菌，

由于数量太多，有时很难对其进行精确的分类。大多数锈菌的孢子有 5 个孢子阶段（在连续繁殖阶段中，孢子阶段可分为性孢子阶段、春孢子阶段、夏孢子阶段、冬孢子阶段和担子阶段），而其他一些锈菌只有 3 个孢子阶段。锈菌都是专性寄生物，这意味着它们只能在活的宿主上寄生，但大多数感染树木的锈菌在两个完全无关的宿主上都有孢子阶段。

感染谷物的锈菌在其生命周期中通常也会寄生在阔叶植物上。比如小麦秆锈菌（*Puccinia graminis*）还会寄生于小檗属植物，包括（美国的）入侵植物欧洲小檗（*Berberis vulgaris*），而禾冠柄锈菌（*Puccinia coronata*）则会寄生于多刺的鼠李属植物，包括入侵植物药鼠李（*Rhamnus cathartica*）。在欧洲和北美洲的温带地区，阔叶植物是谷物类病原体最初感染的重要宿主源。

人们花费了大量精力来研究锈菌，因为它们引起的农作物疾病在世界各地造成的经济损失最大。小麦秆锈菌（和其他两种真菌）使小麦植株感染锈病，仅在北美洲，小麦的年产量减产超过 100 万吨，在锈病疫情严重的年份，减产可能达到数千万甚至数亿吨。随着世界总人口的增长，越来越多人会遭遇饥饿，而这种真菌几乎肯定会导致大规模的饥荒，甚至还有可能引发战争。

小麦秆锈菌的生命周期

小麦秆锈菌在其生命周期中，需要寄生在两种完全不同的宿主植物上，并在一个生长期内产生几种不同的孢子。

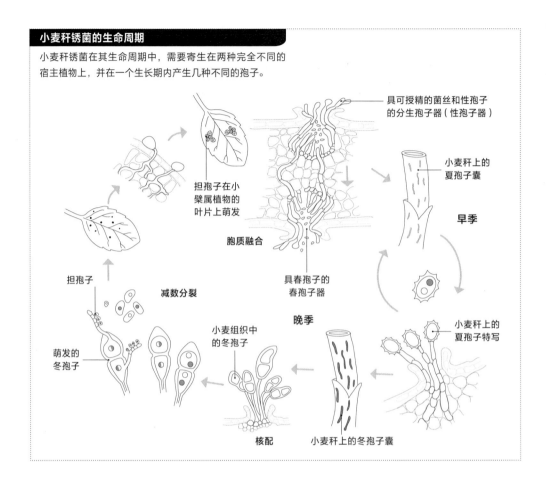

几个世纪以来，人类一直在与这种真菌疾病作斗争。罗马人试图在宗教节日"罗比古斯"上平息真菌之神的怒火——在精心设计的仪式上，人们用一只狗作为祭品，企盼能挡住每年侵袭他们田地并吞噬小麦的锈色的"红色火焰"。如今，人们试图通过培育抗病作物来抵御锈菌，但这不仅是一个缓慢而烦琐的过程，而且只是暂时性的，迄今为止，所有的抗性都败在了真菌的演化中：越来越多的致病真菌已经出现。

在最著名的森林树木病害案例中，人们发现了另一种锈病：北美乔松疱锈病，其病原体为茶藨生柱锈菌（*Cronartium ribicola*）。这种真菌原产于亚洲，20 世纪初从法国传到了北美洲北美乔松（*Pinus strobus*）的幼苗上。其生命周期非常复杂，需要两种宿主：一种是北美乔松，另一种（且最常见的）是茶藨子属（*Ribes*）植物。这种锈病降低了美国价值颇高的一些木材的储量，造成的经济损失不可忽视。因此，为了打破这种病原体的生命周期循环，美国政府于 20 世纪 20 年代启动了一项根除东部各州野生茶藨子属植物的计划。这项计划一直持续到了 20 世纪 50 年代，那时美国东部的茶藨子属植物数量已显著减少。20 世纪 60 年代，美国政府取消了对茶藨子属物种销售和种植的禁令，但由于北美乔松的重要价值，如今仍有多个州保留着州检疫和根除茶藨子的相关法律。

还有一种更为常见的真菌疾病是雪松苹果锈病，病原体是美洲苹果锈病菌，被感染的植物会出现类似外星生物的奇特形态。这种真菌（及其近亲）广泛分布于北美洲和欧洲，被寄生的活的植物的茎或枝上会出现果冻状突起，或是带有鲜艳果冻状突起的球状虫瘿。这种真菌需要两种宿主，在欧洲，任何苹果（或海棠）和刺柏共存的地方都可以见到它；在北美洲东部，它常见于北美圆柏（*Juniperus virginiana*）。雪松苹果锈病对苹果和雪松来说都是一种破坏性或妨碍生长的疾病。此外，楤榁和山楂也是该菌的宿主。

❯ 小麦秆锈菌在小麦植株上呈现的红色疙瘩

Cyttaria gunnii

郭氏瘿果盘菌

超凡的繁殖方式

- 子囊菌门　Ascomycota
- 瘿果盘菌目　Cyttariales
- 瘿果盘菌科　Cyttariaceae

栖息地｜森林

瘿果盘菌属真菌是一类奇特的子囊菌，是南青冈属植物的专性活养寄生型真菌。不过，瘿果盘菌只分布于南半球，生长于南美洲的阿根廷和智利，大洋洲的澳大利亚东南部、塔斯马尼亚和新西兰。目前，人们对瘿果盘菌与其宿主的关系尚不清楚，如果它是寄生性的，那它对宿主的影响可以说非常弱，甚至可能在某些方面是有益的。除此之外，这种真菌还有很多让人捉摸不透的地方。

　　第一个让真菌学界注意到这种奇特真菌的人是达尔文。在达尔文搭乘"小猎犬"号环球航行期间，他曾在南美洲南端的火地岛停留。他从当地南青冈树的大型瘤状物中采集了子实体，并寄给了德高望重的真菌学家迈尔斯·伯克利（Miles Berkeley）牧师，后者于1842年描述了这个新属——瘿果盘菌属。根据（达尔文的）现场记录，当地原住民会将这种子实体作为食物来收集，甚至用来酿酒。虽然这些颜色鲜艳的子实体长得像外星生物，但它们是羊肚菌的"近亲"。实际上，这两类真菌都有子囊盘（杯状的子囊果），产孢区被不育的脊状突起分隔开来。

　　自被发现以来，关于这种真菌的一切几乎都是谜：从生理学特征到生命周期，再到它对宿主的作用，及其如何在南半球广阔的大洋中传播。要回答最后一个问题，我们需要转到"系统地理学"的研究领域。2010年，哈佛大学的研究人员克里斯廷·彼得森（Kristin Peterson）

和唐·菲斯特（Don Pfister）发现，瘿果盘菌属的不同物种与其各自的南青冈宿主协同进化，且在陆地上相互处于地理隔离的状态。因此，瘿果盘菌和南青冈实际上从来没有迁移到别处……自2亿多年前冈瓦纳古陆解体以来，它们就一直在一起。

网状凹坑

还没成熟的子实体光滑饱满，一旦表皮破裂，就会发育成大量产孢的凹坑。最初，这些凹坑在子座表面看起来是浅色的区域，但成熟时会破开，剥掉表层可以使其暴露出来。

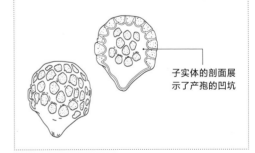

子实体的剖面展示了产孢的凹坑

一年中的大部分时间里，这种真菌都藏在宿主体内。在繁殖期间，树干和树枝上粗糙的树瘤处会冒出巨大的颜色鲜艳的子实体

Ustilago maydis
玉米黑粉菌
有价值的病原体

- 担子菌门　Basidiomycota
- 黑粉菌目　Ustilaginales
- 黑粉菌科　Ustilaginaceae

栖息地｜农田

　　玉米黑粉菌看起来更像是某种排泄物，而不是蘑菇，虽然长相难看，但它是一种引人注目的真菌，生命周期令人称奇。这种寄生在玉米上的担子菌可见于北美洲和欧洲的温暖地区。历史上，这种真菌在田间和甜玉米上很常见，但在现代，除了传家宝玉米、爆裂玉米（制作爆米花的玉米）和硬粒玉米，其他玉米品种都已具有抗性。

　　玉米植株上的任何部分都可能被真菌感染，但虫瘿大多出现在玉米的穗上，因为接受授粉的花丝（玉米雌穗的延伸部分）也能"接受"真菌的入侵。黑粉菌的生命周期中有两个孢子阶段。第一个阶段是巨大的虫瘿——一团黑色或乌黑色（"脏兮兮"）的冬孢子，被一层光滑的植物组织包裹着。冬孢子越冬，其萌发时间与玉米的繁殖周期一致。冬孢子在土壤中萌发，产生菌丝，菌丝上有棒状的担子，每个担子上都有微小的担孢子（被称为"小孢子"）。单倍体小孢子落在玉米植株上，但这时的它们还无法感染宿主。它们必须先发芽，以类似酵母菌的方式生长，以寻找"伴侣"。

　　两种不同交配型成功杂交后，黑粉菌可恢复为双核体状态。拥有完整的基因后，黑粉菌现在具有"传染性"了——但仍需要一些运气。

如果是在花丝上，黑粉菌必须在植株授粉之前就到达子房；但如果真菌落在了玉米植株的其他部位，那除非植株有所损伤（如冰雹、昆虫等造成的伤害），否则真菌无法穿透植株坚硬的角质层。植物组织的损伤有利于小孢子或菌丝的入侵，因此，玉米黑粉病的暴发往往与冰雹灾害有关。

　　虽然玉米黑粉菌对玉米有害，但它可以食用。在墨西哥，玉米黑粉菌一直被当作一种美食，有着多种多样的烹饪方法，甚至能用来制作冰激凌（它的味道比看起来好得多，有蘑菇、玉米、巧克力和香草的味道）。有时，它也被称为"墨西哥玉米松露"。阿兹特克人将其命名为 huitlacoche（或 cuitlacoch），意为"乌鸦的粪便"。不过，我最喜欢的昵称是戴维·阿罗拉（David Arora）提出的"玉米穗上的爱情"。

　　➤　玉米黑粉菌在宿主身上明显可见的虫瘿，既奇特又吓人

Onygena equina

马爪甲团囊菌

尸体堆肥机

- 子囊菌门　Ascomycota
- 爪甲团囊菌目　Onygenales
- 爪甲团囊菌科　Onygenaceae

栖息地｜森林和农田

　　生命体在死亡并停止活动后，其体内和体外在微生物的攻击下很快就会开始腐烂。根据环境和条件的不同，生命体的许多成分（包括蛋白质、脂肪等）很容易就被其他生物循环利用，但某些部分（即使是人）在其死后仍能长期保存，包括牙齿、坚硬的骨组织（如头骨）以及由角蛋白组成的指甲、蹄、毛发、羽毛或角等。

　　角蛋白是一种坚韧的结构蛋白，难溶于水，几乎不能被分解。动物很难消化角蛋白，所以猫会吐出自己的毛球，而许多鸟类也会吐出未消化的（猎物的）皮毛、骨头、指甲和羽毛等。

　　爪甲团囊菌属下只有两个种，它们遍布世界各地。科维纳爪甲团囊菌（*Onygena corvina*）可以分解动物的羽毛和皮毛，而马爪甲团囊菌能分解食草动物的蹄和角。它们非常适应于消化角蛋白，因此将角蛋白作为碳和氮的唯一来源。

　　令人震惊的是，这些真菌居然能在森林中找到并"吃到"像蹄或角这样罕见的食物。与所有分解蛋白质的真菌一样，爪甲团囊菌会产生一种可怕的尸体气味（即使是在培养皿中），这种气味来自伯胺的释放，类似于肉腐烂或尸体腐烂时的气味。这种气味会吸引腐蝇，这样真菌就能"搭上便车去吃下一顿饭"。这种真菌柄状的"子实体"实际上是裸露的产孢菌丝集合而成的笼状物，菌丝附着在食腐蝇的刚毛和附肢上，被带到其他地方"落脚"。

富足之角

像小蘑菇一样，爪甲团囊菌的孢子体可以完全覆盖住躺在森林地面或牧场上的哺乳动物的角。

仔细观察爪甲团囊菌的"子实体"，可以发现这些微小的柄状蘑菇其实是聚集的菌丝尖端的孢子团

➤➤　爪甲团囊菌的特写。微小的球状孢子团只比前面这个句号大一点

Marasmius oreades

硬柄小皮伞

凋而不落的蘑菇

....

- 担子菌门　Basidiomycota
- 蘑菇目　Agaricales
- 小皮伞科　Marasmiaceae

栖息地 | 城市草地

　　神秘的绿色圆环在世界各地的大草坪、高尔夫球场，甚至广阔的平原地区都很常见。数百年来，这些"仙女环"一直都很令人着迷，也是许多神话故事的灵感来源，自中世纪起就出现在文学和诗歌作品中。事实上，有的"仙女环"可能已经有数百年的历史，因为它们非常大，即使在空中也能看到。

　　奇怪的是，"仙女环"上的蘑菇有的可以在一夜之间就长到最大尺寸，就像是被某种超自然的力量驱使一般。人们曾经怀疑是仙女、精灵、妖精、女巫、龙或者各种两栖动物"施展了魔法"，加拿大艾伯塔省的黑脚人则认为是跳舞的野牛造成的。

　　有很多种蘑菇都会在圆环上长出子实体，其中最有名的可能要数硬柄小皮伞。小皮伞属真菌似乎能在一夜之间出现，是因为它有"凋而不落"的习性——当它变得干燥、枯萎时，如果得到水分补给，它就能恢复"活力"，而大多数蘑菇（在缺水时）会腐烂，且过熟时也会腐败。事实上，小皮伞的属名 *Marasmius* 来自

希腊语，意为"枯萎"，种加词 *oreades* 则意为"仙女"。

　　真菌的菌丝在生长时呈放射状向外扩散，分解土壤中的有机物，包括草坪上的枯草。当可利用的养分耗尽，蔓生的菌丝就会死亡，而圆环上活跃的菌丝会使草长得更绿、更高，因为这里的植物利用了真菌酶促反应所释放的氮。

　　虽然硬柄小皮伞曾被认为是一种简单的腐生菌，以死亡和濒死的有机物为食，但最新的证据表明，它也能寄生在草的根部。除了纤维素酶和其他酶，它还能释放诸如氢氰酸的毒素，氢氰酸会破坏根尖，阻碍水分在土壤中的渗透。

揭秘"仙女环"

经过仔细观察，"仙女环"由三个同心环或同心带组成：外部是茂盛区，此处菌丝活跃（A），蘑菇长出子实体（B）；中间区域（C）可能出现枯死的草；最内部是刺激生长区（D），这里通常是原本就生长着的植物。

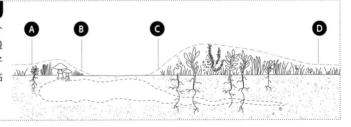

硬柄小皮伞，可以看到菌褶

Hypomyces lactifluorum
泌乳菌寄生

蘑菇寄生菌

- 子囊菌门　Ascomycota
- 肉座菌目　Hypocreales
- 肉座菌科　Hypocreaceae

栖息地｜森林

　　龙虾蘑菇（Lobster Mushroom，因颜色看起来像煮熟的龙虾而得名）是一种奇怪的真菌，被许多人视为优质的食用菌。但这种"蘑菇"实际上包含了两种真菌：一种是红菇属（*Russula*）真菌，另一种是泌乳菌寄生，后者是长在地下的红菇菌丝的寄生菌。当蘑菇形成的时候，寄生菌就占据主导，由此产生的"怪物"不会产生红菇的孢子，而是被菌寄生属真菌当作自身孢子的发射平台。

　　蘑菇的"龙虾化"颇具戏剧性，因为过程涉及颜色和味道的变化：最初，根据采集地点的不同，红菇的味道也有所不同，从清淡到辛辣，甚至难以入口；但当子实体完全成熟（完成"龙虾化"），其组织内几乎全是寄生菌，就成了美味的食物。

　　虽然龙虾蘑菇在北美洲、欧洲和亚洲都有发现，但其寄生菌只是所有寄生真菌中一个很大的类群而已。菌寄生属的所有真菌都是其他真菌的病原体，会攻击许多重要的真菌类群，包括鹅膏菌、珊瑚菌和木耳等。其中分布最广的是金孢菌寄生（*Hypomyces chrysospermus*），在澳大利亚、亚欧大陆和北美洲均有发现。而黄绿菌寄生（*Hypomyces viridis*）会让红菇属和乳菇属（*Lactarius*）真菌变成美丽的绿色龙虾蘑菇。一些菌寄生物种则寄生于多孔菌中。

　　由于不能自己长出蘑菇，菌寄生属真菌会利用宿主的"蘑菇制造机"。仔细观察龙虾蘑菇美丽的红橙色皮肤，你能看到一些突起——

子囊壳的顶部，其梨形的腔室埋在子实体内。子囊壳将子囊孢子喷射到空气中，白色的粉末状孢子甚至可能覆盖在蘑菇上。

破坏繁殖

菌寄生属真菌不会产生自己的蘑菇（子实体），而是寄生在其他真菌的子实体上，并将其转变成自己的孢子梗。在显微镜下，其孢子两端呈锥形，很容易辨认。

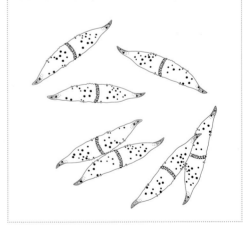

龙虾蘑菇看起来像是来自另一个星球的生物，它的颜色和海鲜香味都名副其实

Chlorociboria aeruginascens

小孢绿杯盘菌

工匠的宝贝

....

- 子囊菌门　Ascomycota
- 柔膜菌目　Helotiales
- 绿杯盘菌科　Chlorociboriaceae

栖息地｜森林

　　早在现代材料和木材着色剂出现之前，木匠们就已经能熟练地将不同木材的小块镶嵌在家具和其他艺术品上，呈现出马赛克或错视图案（这种技术被称为"嵌花"）。14—15世纪的文艺复兴时期，意大利的嵌花工匠非常擅长挑选树种，以获取不同颜色的木材，其中有一种非常珍贵但罕见少用的绿色木材，只有在展现有山丘和树木的自然场景时才会用到。

　　用镶嵌工艺也能制作出外观相似的成品，不过这种工艺是将小块的木板粘在盒子、家具或其他物体表面上。镶嵌工艺品中最著名的是"坦布里奇器皿"，1830—1900年，英国肯特郡的皇家坦布里奇韦尔斯及其周边地区制作出了这种器皿。与嵌花工匠一样，坦布里奇的镶嵌工匠也使用了同样特殊的蓝绿色木材，他们将其称为"绿色橡木"，而历史学家和植物学家长期以来都很好奇这种木材的来源。

　　终于，现代化学分析、显微镜和电子显微镜等技术给了我们答案：木材的颜色不是来自树的种类，而是来自正在分解它的真菌。真菌在生长时通常会导致其寄生的木材变色，这是由色素菌丝、色素孢子、木材分解时的相关变化或真菌生长过程中产生的化学物质造成的。通常，原木被染色是其在真菌活动下变得脆弱的一种标志，因此，对制造厂、家具厂或造纸厂来说，这种原木会贬值，但"绿色橡木"是个例外——颜色的变化反而提升了木材的价值。

　　"绿色橡木"的颜色来源是小孢绿杯盘菌，这种真菌在北半球和大洋洲常年可见。然而，真菌美丽的子实体却不常见，因此如果你碰巧发现腐烂的木头上有一层绿松石色，那就仔细观察它吧，在木头下方或腐木裂缝中可能会找到微小的带柄的杯状子实体（有时被称为"绿精灵杯"）。

　　≫　小孢绿杯盘菌美丽的杯状子实体的特写

PATHOGENS,
PANDEMICS & SCOURGES
病原体、大流行与灾害

改变世界的真菌

当提到严重的微生物传染病和大流行病时，人们首先想到的是人类的病原体：细菌和病毒。然而，许多最具破坏性的流行病其实都始于对食物的破坏。科学的进步使人们在目前与微生物的较量中暂具优势，但其下一次袭击的出现只是时间问题。

全球的真菌都正在发展，尽管科学家们做出了很多努力，但破坏性的真菌几乎没有受到遏制。20 世纪上半叶，一种名为栗疫病菌的未知真菌伴随着亚洲的栗树被带入北美洲，导致美国的 40 亿棵栗树中有 80% 以上死亡。最近，被破坏性真菌侵害的树木还有加拿大的松树、英国的落叶松和美国加利福尼亚的栎树。

改变的景观

真菌对粮食作物产量的威胁似乎正呈上升的趋势：如今真菌病造成的作物损失已经超过病毒、细菌和线虫的总和。19 世纪中叶，马铃薯晚疫病使爱尔兰发生了大饥荒[1]。诸如稻瘟病、小麦秆锈病、大豆锈病和玉米黑粉病等真菌病也对全球一些非常重要的作物产生了威胁。据估计，每年被真菌破坏的食物总量足以养活 6 亿人，真菌对世界粮食安全的影响显而易见。

更糟糕的是，随着人类改变自然环境，为物种演化提供了新的机会，人类活动正在加剧真菌病的传播。自 2000 年以来，野生动物种群和自然保护区内发生致命传染病的数量都有所增加。数量空前的真菌病和类真菌病导致野生动植物种群发生了前所未有的严重死亡，甚至是灭绝。现在许多专家都认为，真菌传染病将导致全球生物多样性日益减少，对生态系统和人类的健康将产生深远的影响。

而致病真菌的影响也不只限于陆地，海洋中也出现了相同的问题，只不过海洋中出现的致病真菌最有可能是受到了气候变化的刺激。全球海洋中的造礁珊瑚和柳珊瑚都陷入了困境，而科学家已经慢慢揭示出珊瑚大范围"白化"并死亡的原因：虽然人们长期以来都认为珊瑚"白化"是紫外线增强或海洋变暖（或者二者兼之）造成的，但事实证明，真菌传染病可能也是诱因。

1　发生于1845—1849年。当时，爱尔兰几乎一半的人口（尤其是农村的穷人）主要以马铃薯为食，受马铃薯晚疫病的影响，当地的马铃薯连续几年歉收，引发饥荒。

⋏　健康的柳珊瑚

↳　在显微镜下观察到的曲霉属真菌的分生孢子梗特征。这种结构让人联想到基督教牧师使用的圣水喷洒器，这也是曲霉菌英文名"aspergillium"的由来

≪　柳珊瑚由于感染聚多曲霉菌而组织坏死

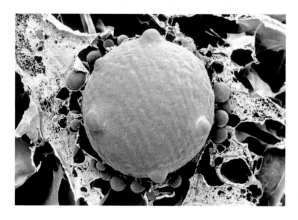

对于柳珊瑚的死亡，罪魁祸首是一种机会性真菌——聚多曲霉（*Aspergillus sydowii*）。这是一种常见的陆地腐生菌，现在却可能与加勒比海的柳珊瑚死亡事件有关。人们已知的是，在适当的条件下，这种真菌会成为植物和脊椎动物的病原体，但不知道它能否在海中产孢，所以柳珊瑚曲霉病的根源令人费解。最初，人们认为可能是来自北非的带着孢子的土壤漂洋过海把这种真菌带到了加勒比海，但这一观点后来被舍弃了，科学家们仍在努力寻找答案。

两栖动物杀手

真菌王国存在着太多未解之谜了——我们目前只知道不到 10 万种真菌的名字，但 DNA 测序研究表明，目前存在的真菌种类为 150 万～500 万种。举个例子，自 2000 年以来，人们发现的疫霉属（*Phytophthora*）真菌的数量比原本增加了一倍（导致马铃薯晚疫病的病原体就来自这个属）。而令人难

在扫描电子显微镜下观察蛙壶菌微小的游动孢子囊

马略卡产婆蟾（*Alytes muletensis*）正在做壶菌病检查

以置信的是，尽管 19 世纪中期疫霉就在爱尔兰引起了大饥荒并导致 100 万人死亡，但我们到现在还没完全认识这个极具破坏性的类群中的所有物种。

真菌经常成为头条新闻的主角，而且通常都不是好消息。目前，人们正面临着两大动物危机：两栖动物物种的大量减少以及北美洲蝙蝠类群暴发的流行性疾病。多年来，世界各地的爬行动物学家都注意到两栖动物的数量在不断减少，但大多都是传闻，没有实质的证据。直到 20 世纪 90 年代末，一项定量评估才证实了物种下降的趋势。而这与一种新发现的疾病——壶菌病有很大关系，这种疾病导致了澳大利亚以及整个美洲地区两栖动物大范围的死亡。因此，在关于两栖动物死亡事件的研究中，壶菌门的物种作为

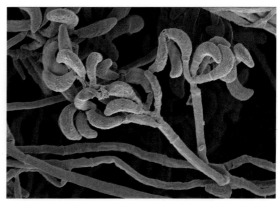

真菌病原体成为主要的研究对象。

两栖动物壶菌病的病原体是蛙壶菌（*Batrachochytrium dendrobatidis*，简称 *Bd*）。在蛙壶菌的生命周期中，游动孢子会找到宿主动物并附着在宿主的皮肤上，被称为"假根"的菌丝侵入宿主的皮肤并开始生长，在几天内形成一个游动孢子囊，产生新的游动孢子。游动孢子被释放出来后仍会到处游动，或是进一步感染同一宿主，抑或是感染另一种两栖动物。对大多数两栖动物来说，当皮肤上覆盖的蛙壶菌游动孢子达到 10 000 个，它们将无法正常呼吸、补水、调节渗透压（控制电解质）或调节体温。

目前，人们还没有完全弄清这种流行病的真相。这些原始的壶菌可能长期与两栖动物的皮肤保持着密切的关系，它们直到最近都仍处于和谐共处的状态，也许是全球气候的变化或紫外线的增强给两栖动物带来了压

莹鼠耳蝠感染蝙蝠白鼻综合征后出现的症状

扫描电子显微镜下，锈腐假裸囊子菌的伪着色图

力，并使壶菌变得更具侵袭性和致病性。还有另一种可能，这种壶菌是一种在全球传播的全新的病原体。对于后者，人们找到了一些证据，在对博物馆中保存的两栖动物的皮肤进行检查后，发现大约 1938 年之前的两栖动物皮肤上没有蛙壶菌，但在这之后，作为实验室研究对象以及水族馆宠物的非洲爪蟾（*Xenopus laevis*）开始成为国际贸易对象。[1]

如今，全球范围内的两栖动物都处于困境中：许多物种已经灭绝，而且将会有更多物种灭绝。由于宿主范围极广，蛙壶菌可能会造成有史以来规模最大的一次动物大流行：已知感染了 50% 的蛙类（无尾目）、55% 的蝾螈类（有尾目）以及 29% 的蚓螈

1　非洲爪蟾被认为是蛙壶菌的潜在宿主之一，它们携带病原体却无临床症状，而国际贸易使其携带的病原体在全球传播。

类（蚓螈目）。不过也有一些令人乐观的消息：尽管（在壶菌病的影响下）会有越来越多的两栖动物灭绝，但研究人员发现一些地方的两栖动物已经对壶菌出现了免疫现象，种群开始恢复。两栖动物的故事没有结束。

蝙蝠白鼻综合征

还有一种不知从何而来的真菌，让一大群动物饱受折磨。2007 年冬末，研究人员在美国纽约州北部的五个洞穴中发现了数千只莹鼠耳蝠（*Myotis lucifugus*）的尸体，它们的口鼻处和耳朵上长着白色的物质。第二年冬天，研究人员在 33 个洞穴的莹鼠耳蝠身上又发现了相同的病症，到 2012 年初，这种疾病已经向南传播到亚拉巴马州，向西传播到密苏里

州，向北甚至传播到了加拿大。目前，美国的 38 个州及加拿大的 7 个省都发现了这种疾病。

这种疾病被称为白鼻综合征（简称 WNS），是由锈腐假裸囊子菌（*Pseudog ymno-ascus destructans*，简称 *Pd*）引起的。已知这种真菌病原体能感染至少 13 种蝙蝠，其中包括一些濒临灭绝的蝙蝠物种，造成数以百万计的蝙蝠死亡，一些越冬场所中的蝙蝠甚至全部消失。根据一项研究，作为北美洲最常见的蝙蝠之一，莹鼠耳蝠在十年内于东部地区灭绝的概率超过 99%。由于蝙蝠能为某些植物授粉并捕食害虫，因此据估计，蝙蝠对美国农业的价值至少为每年 37 亿美元。

锈腐假裸囊子菌是一种能够分解角蛋白、几丁质和纤维素的腐生菌。它似乎更适

<< 开花的美国栗

>> 美国俄亥俄州亚当斯县的一棵栗树的树皮上可见栗疫病的迹象

应低温环境，所以洞穴中的有机物是其理想的栖息地。但是，对于它在活的蝙蝠身上生长的习性，人们尚不清楚其原因，而且这种病原体可能属于机会致病性病原体。在蝙蝠皮肤上生长的真菌似乎会刺激蝙蝠脱离冬眠状态，导致它们更早飞离越冬地。这种过度的活动会消耗蝙蝠宝贵的冬季储备，如果它们在春天到来前就离开洞穴，将会在寻找食物的过程中浪费更多的能量。因此，死于WNS的蝙蝠，其死因最有可能是饥饿。

WNS似乎起源于欧洲，因为锈腐假裸囊子菌最早发现于欧洲的洞穴中。然而，这种真菌似乎没有给欧洲的蝙蝠带来任何问题，这表明欧洲的蝙蝠已经在与这种真菌共同生活了数百万年的时间里演化出对这种病原体的抗性。而北美洲的蝙蝠可能并没有足够的时间来演化出这种抗性……

栗疫病

在北美洲，对农田和森林影响最大的真菌可能要数栗疫病菌了。直到1900年左右，北美洲东部森林的优势种为美国栗（*Castanea dentata*），该地的阔叶树几乎有一半都是这种栗树，而且生态系统的大部分物种都或多或少与其有关联。栗树结出可食用的坚果供森林的野生动物取食，而当地的美洲原住民在冬天时也极度依赖这种坚果。美国栗木质很轻却耐用，而且很直，很少有结，心材也耐腐，所以这种木材是林业和木工的最爱。此外，这种树长得很快，砍伐后留下的树桩

ᐱ 小蠹对树木的严重破坏。这些昆虫是榆树荷兰病的传播媒介

上很容易就会长出新的嫩芽。正如植物病理学家艾伦·比格斯（Alan Biggs）所说："这种树能用来制作摇篮和棺材，可以说是服务了人类的一生。"

然而到了 1904 年，一切都变了——栗疫病传入了北美洲。栗疫病菌（内座壳属，*Endothia*）隐藏在一些日本栗中被带到了纽约市区，随后向外扩散。栗疫病以每年 50 英里（约 80 千米）的速度传播，造成越来越多的树木死亡，直到 1913 年，美国农业部开始调查。与中国和日本的栗树不同，美国栗对这种疾病没有任何抵抗力，到 1940 年，已有超过 35 亿棵美国栗死于栗疫病。

由于栗疫病菌不会进入土壤之下，所以美国栗的根芽仍能存活。而这些幼苗通常能在森林下层存活数年，直径能长到几英寸（不到 20 厘米），但在它们成熟到可以结出坚果之前，就会被栗疫病菌杀死。所以，在引入北美洲不到 50 年的时间里，栗疫病菌几乎消灭了所有作为树冠层物种的美国栗，永远地改变了森林的结构。

不过，这个"故事"应该会有一个好的结局。人们经过 30 年的努力以恢复美国栗，现在已经有了成功的迹象。研究人员采用了"低毒力""传统回交育种及杂交"和"基因工程"三管齐下的方式。"低毒力"是一种生物防治办法，利用了一种天然的寄生于栗疫病菌的病毒病原体。当栗疫病菌被感染，

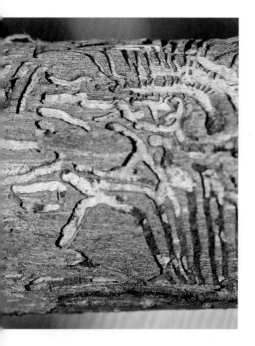

真菌学女性先驱

其作为栗树病原体的毒力就会降低；低毒力减缓了栗疫病的发展，使树木能够抵御感染。研究人员可以在实验室内培养这种病毒，再将其喷洒在树木上，基本上可以使真菌致病，以保持树木健康。

此外，研究人员还将易感染的美国栗与日本或中国的具抗性的栗树杂交，并利用分子生物学技术将抗病基因插入易感种的基因序列中。在消失了一个多世纪后，美国栗的抗性品种已经培育成功，待经过批准后就能向公众展示，并种植到森林中。

榆树荷兰病

尽管美国栗的前景比较乐观，但这

现在我们已经知道，榆树荷兰病起源于亚洲。但在一个世纪前，没有人知道这是什么病，来自哪里。人们将其归咎于各种传染源，包括细菌、天气，甚至是第一次世界大战所使用的有毒气体。1921 年，荷兰植物病理学家乔安娜·韦斯特迪克（Johanna Westerdijk）的实验室破解了榆树死亡之谜。韦斯特迪克的一名研究生玛丽·贝阿特丽策·朔尔－施瓦茨（Marie Beatrice Schol-Schwarz）发现了一种子囊菌，她从被感染的树木上提取并培育这种真菌，再将其接种到一棵健康的树上，发现那棵健康的树上很快出现了疾病的症状，随后迅速死亡。施瓦茨发现重新分离出的真菌是一种无性型真菌，她于 1922 年将其命名为 *Graphium ulmi*；后来，同样来自韦斯特迪克实验室的克里斯蒂娜·布伊斯曼（Christine Buisman）发现了这种真菌的有性繁殖阶段，并将其命名为 *Ophiostoma ulmi*（榆长喙壳，也叫榆树荷兰病菌）。

并不是过去一个世纪里唯一饱受真菌折磨的树种。每年春天，真菌爱好者纷纷前往树林寻找野生羊肚菌，开展一场关于真菌的"庆典"。而在北美洲东部地区，人们的搜索范围都集中在榆树的栖息地，因为尽管人们还没完全弄清楚羊肚菌的生命周期，但已知一些羊肚菌属的物种似乎是以菌根的形式与这些榆树共生。在宿主树死亡后，真菌进入有性繁殖模式，产生子实体，（如果幸运的话，会有很多子实体！）然后重新开始生命周期，大概率是寄生在附近的榆树幼苗上。如果环境适宜，宿主树死后的第一年，真菌产生的子实体最多，第二年及第三年可能仍会产生子实体，但数量会逐渐减少，最后完全消失。

我在美国中西部长大，从小就知道榆树与羊肚菌的关系——我的家人以及我们认识的每一个人都热衷于采集羊肚菌！不过我对榆树的喜爱不只源于它们与羊肚菌的密切关系，还因为它们很美，尤其是美国榆（*Ulmus americana*）。其实不只是我，长期以来，美国榆都是城市规划者和城市林业工作者的选择：其外形完美，树叶浓密可遮阴，树冠很高，不会给人杂乱感（它不会结出大型果实，也不容易掉落树枝），是城市绿化理想的行道树。于是，美国的城市里到处都种满了美国榆：不仅是街道两旁，城市公园和大学校园里也是。

但是在 20 世纪初，欧洲的榆树开始大范围地感染一种奇怪的疾病并死亡，不久之后，同样的事情也在北美洲发生。在美国，榆树的死亡事件最早出现在俄亥俄州的克利夫兰，随后又出现在辛辛那提。这种疾病迅速蔓延，只要是它出现的地方，榆树都会死亡。对于这种疾病，榆属（Ulmus）的大多数物种及其近亲榉属（Zelkova）都很易感；在北美洲，美国榆可能是最易感的。

榆树荷兰病如今在北美洲很常见，因此被认为是最具破坏性的庭荫树疾病。但是，由于人们很少观察到这种真菌病原体进行有性繁殖，所以认为大多数感染都是由无性型真菌引起的。这种真菌有着奇特的生命周期，

↖ 已知最古老的榆树之一，有400年历史，位于英国布赖顿的普雷斯顿公园，因患榆树荷兰病被砍伐

↖ 腐生菌很快就会在被栎树猝死病杀死的树木上"定居"：这些黑色的子实体是在密花假石栎上的环纹炭团菌（Annulohypoxylon thouarsianum）

还有专性的昆虫伙伴。有几种小蠹会将长喙壳菌带到榆树上，这些小蠹只会被成熟的树木吸引，而这时的树木具有厚厚的韧皮部（输送营养物质的维管组织）。被真菌或其他应激源侵扰的树木可能会出现"萎蔫"的迹象，即一根或多根树枝上的叶子变黄。这样的树会进一步成为其他小蠹攻击的焦点，其命运几乎已经注定。

不过，与美国栗一样，榆树育种专家一直在努力培育具有一定抗性的野生榆树样本，以期培育出能产生完全抗性的后代。他们已经取得了一些成功：最近向公众展示了一种对榆树荷兰病有抵抗力的栽培榆树——"克里斯蒂娜·布伊斯曼"欧洲野榆（Ulmus minor "Christine Buisman"）。希望有一天，古老、高大的榆树能再次为森林和城市园林增色。

新兴的威胁

虽然人们在防治栗疫病和榆树荷兰病方面都取得了一定的进展，但另两种新出现的树木疾病同样引起了人们的关注，而研究人员正在寻找解决的办法。栎树猝死病（简称SOD）会导致几种栎树的树干受到致命感染，自 1995 年在美国加利福尼亚州发现该病以来，已有数十万棵栎树死亡。密花假石栎（Notholithocarpus densiflorus）的死亡首先引起了人们注意，随后加州栎（Quercus agrifolia）也开始死亡。在欧洲，除了栎树，这种病原体还感染了其他不相关的物种，包括杜鹃属（Rhododendron）、荚蒾属（Viburnum）、

<< 伦敦邱园（Kew Gardens）里的
凤尾杉（*Wollemia nobilis*）

人 在英国湖区霍克斯黑德（Hawk-
shead）附近的欧洲落叶松（*Larix
decidua*）感染了栎树猝死病。树干切
面"出血"正是该病的症状

落叶松属（*Larix*）和槭属（*Acer*）等植物。

栎树猝死病的病因是一种卵菌——栎树
猝死病菌（*Phytophthora ramorum*，一种疫霉）。
2001 年，尽管人们对这种病原体进行了检
疫，但栎树猝死病仍在北美洲的西海岸蔓延
开来，并侵入了加拿大的不列颠哥伦比亚省。
美国各州对来自加利福尼亚州的所有苗木都
实施了禁令，但每隔两三年，总会有被感染
的木材逃过检疫——最严重的一次涉及一家

美国重要的苗木供应商，导致被感染的苗木
被运往 39 个州的数百家苗圃。所以很多人
都担心这种病原体会扩散到美国东南部及其
他地方的森林，造成不可估量的破坏。

令人震惊的是，就在几乎北美洲西海岸
发现栎树猝死病的同时，地球的另一边也发
现了这种病。1994 年，新南威尔士州国家
公园和野生动物管理局的官员戴维·诺布尔
（David Noble）在澳大利亚西南部沃莱米国
家公园（Wollemi National Park）的一个狭窄
峡谷中索降时，遇到了一片从未见过的高大
树林。

诺布尔收集了一些小树枝，并将它们展
示给生物学家和植物学家，专家们同样也被

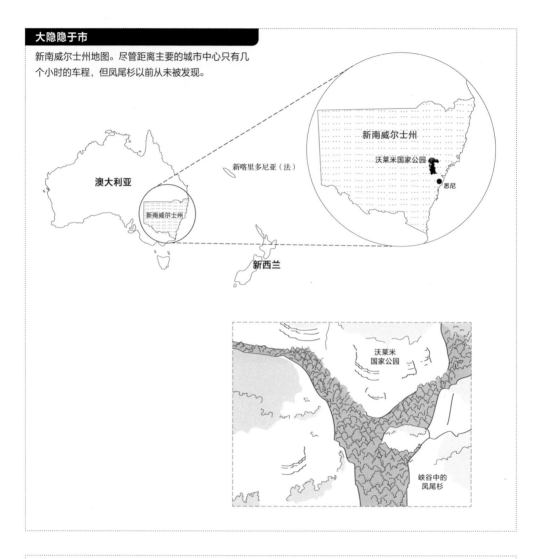

大隐隐于市

新南威尔士州地图。尽管距离主要的城市中心只有几个小时的车程，但凤尾杉以前从未被发现。

千钧一发

2020 年 1 月 16 日，消防员从戈斯珀山（Gospers Mountain）的大火中救出了最后一批野生凤尾杉。澳大利亚的这场"超级大火"摧毁的区域的面积几乎相当于新加坡国土面积的 7 倍。

凤尾杉有时也被称为"拉撒路物种"，就像《圣经》中被耶稣复活的拉撒路一样，人们原本以为

这些树已经灭绝了，但后来又发现了一些幸存者。

智利南洋杉（Araucaria araucana）是凤尾杉现存的近亲之一。

2009 年，为庆祝英国邱园建立 250 周年，爱丁堡公爵在邱园的橘园附近种下了一棵凤尾杉。

难倒了。调查人员很快就意识到，这些标本不仅是一个未知物种，而且是不属于古老的南洋杉科（Araucariaceae）现存任何一属的物种。如此高大的树（27～40 米），居然此前还未被发现过，真是难以置信。于是，人们为这些奇怪的树建立了一个新的属——恶来杉属（Wollemia）。

凤尾杉可能是地球上最稀有的树木，迄今为止，人们只在悉尼以西约 195 千米的一个狭窄峡谷中发现了一片约200棵的小树林。看来，这种栖息地的特殊性对凤尾杉能在这种小树林中生存起到了重要的作用。狭窄的砂岩峡谷中有着稳定的空气湿度和潮湿的土壤，非常适合凤尾杉及与其共生的菌根真菌的生长。跟澳大利亚几乎所有植物一样，凤尾杉也依赖共生菌来穿透坚硬的地面，并从那里出了名的"贫瘠"土壤中吸收养分。但

与其他植物共生菌不同的是，凤尾杉的共生菌无法适应周围高原上稀薄、干燥的土壤。因此，在某种意义上，这两种生物可能是相互依赖的关系。

然而，凤尾杉一经发现就面临着灭绝的威胁。管理员注意到一些树木开始死亡，研究人员很快就确定了罪魁祸首是樟疫霉（Phytophthora cinnamomi，栎树猝死病菌的近亲）。幸运的是，凤尾杉的疫情得到了成功的治疗。现在，任何获准参观凤尾杉林的人都必须接受严格的感染控制程序，包括对鞋类和设备进行消毒。如今，人们已经成功实现了凤尾杉的人工种植，世界各地的一些植物园中都已种植了凤尾杉，偶尔也会把凤尾杉的幼苗出售给普通房主。凤尾杉与水杉（Metasequoia glyptostroboides）、银杏（Ginkgo biloba）一起被称为园艺界的"活化石"。

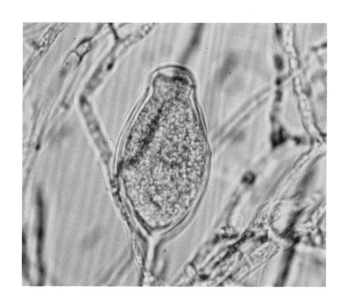

➤➤ 显微镜下的樟疫霉

历史上的真菌

　　虽然我们已经清楚知道真菌能改变自然景观，但其实它们也改变了人类历史的进程。在历史上的众多暗杀事件中，有多位领导人死于真菌，其中最著名的（至少是最广为人知的）可能要数克劳狄一世（Claudius Caesar）之死。

　　天主教教皇克雷芒七世（Clement Ⅶ，1478—1534 年）的统治在历史上非常引人注目，并不是因为其统治的时间长，而是由于其间所发生的世界动荡，包括"宗教改革"和"罗马之劫"。1534 年，教皇克雷芒七世的任期（连同他的一生）结束了，据称他死于食用灰鹅膏（Amanita phalloides）。不过，现在大多数历史学家都认为他不是被毒杀的，因为他在死前经历了几个月的痛苦折磨，也许他是为了解脱才服用灰鹅膏。虽然灰鹅膏可能没有"杀死"克雷芒七世，但神圣罗马帝国的皇帝查理六世（Charles Ⅵ，1685—1740 年）很可能就是在奥地利山区狩猎时吃了灰鹅膏后死亡的。查理六世过着奢靡的生活，其王室成员、财务顾问和忠诚的臣民都无法阻止他的骄奢，最终，强悍的真菌做到了。

　　虽然灰鹅膏可能曾与天主教教皇和帝国皇帝的死有关，但其实最臭名昭著的子囊菌

⩘ 约瑟夫·E.贝克（Joseph E. Baker，约1837—1914年）的作品《女巫（一）》（The Witch, No. 1），展示了女巫审判案的场景。这场对女巫的审判其实应该是对真菌的审判

⟩⟩ 麦角菌生长在谷物上，是导致麦角中毒的导火索

⊼ 小粒咖啡（Coffea arabica）树上逐渐成熟的咖啡豆

⊻ 哥伦比亚咖啡三角区内马尼萨莱斯（Manizales）附近的咖啡种植园

↱ 危地马拉的工人正在对咖啡树进行熏蒸，以防止感染咖啡锈病

↲ 咖啡树感染咖啡锈病后叶片上显露出的症状

是麦角菌。麦角菌广泛分布于北美洲和欧洲，它含有一种与麦角酸二乙胺（简称 LSD）密切相关的有毒生物碱，能够引起强烈的幻觉。因此一些历史学家认为，17 世纪末发生的塞勒姆女巫审判案就是麦角菌导致的（详见第 84 页），而法国大革命开始时的"大恐慌"也可能是人们麦角中毒造成的。

咖啡的味道

　　英国人为什么喝茶？这是英国文化的一部分，所以也许你会以为他们自古以来就是这样的。但你错了。英国人曾经是咖啡爱好者，而且像世界上大多数人一样，他们喝的咖啡来自印度和斯里兰卡的大型种植园。至少在咖啡锈病（西班牙语为"la roya"）肆虐之前是这样。斯里兰卡的咖啡树最早被诊断出感染这种疾病，没过多久，人们就意识

到这个地区无法再通过种植咖啡树而获利，此后，英国人就决定用茶来代替咖啡。

当时，美洲大陆上还没有咖啡树（更别提咖啡锈病了），因此美洲大陆中部和南部便成为咖啡新的种植中心。然而，尽管人们做出了很多努力，咖啡锈病还是来了：它先从斯里兰卡和印度传到了亚洲和非洲的其他国家，然后在 20 世纪 50 年代跨越大西洋到达了巴西，并在 1976 年传到了尼加拉瓜；1981 年，咖啡锈病已向北蔓延到墨西哥，向南扩散到南美洲的大型咖啡生产基地。

今天，世界上的大多数咖啡豆都来自美洲大陆的中部和南部，巴西是迄今为止世界上最大的咖啡豆生产国，咖啡产品对巴西的经济非常重要。因此，导致咖啡锈病的微小的咖啡驼孢锈菌（*Hemileia vastatrix*）可能会破坏这些国家的经济，危及数百万人的生计。然而，即使存在如此重要的利害关系，咖啡驼孢锈菌的大部分生活方式仍然处于未知状态。我们只知道，咖啡驼孢锈菌非常普遍，可能永远无法根除。我们只能寄希望于通过现代研究技术与传统的栽培技术相结合，能够有效控制这种疾病。

人类的影响

在人类历史上，由于真菌和类似真菌的病原体破坏农作物导致大规模饥荒，并使数百万人丧生的事件曾多次发生，其中最臭名昭著的可能要数 19 世纪中期侵袭欧洲的大饥荒。

马铃薯晚疫病的病因是一种卵菌。由于外观相似，卵菌（或水霉）长期以来被认为是真菌，但现在被归为与褐藻和硅藻等生物相关的独特的类真菌真核微生物。对马铃薯最具破坏性的病原体是致病疫霉（*Phytophthora infestans*），它是"植物毁灭者"——疫霉属的成员，疫霉属是人类历史上影响最大的植物病原体类群之一。

晚疫病至今仍然存在，而且它正以新的活力卷土重来，连番茄植株也难逃噩运。只要植物残渣或上一季作物留下的微小块茎中带着疫霉的孢子或菌丝，病原体就能以惊人的速度感染整株作物。如果天气凉爽潮湿，它甚至能在一周内摧毁整片农田。即便田间的损失不大，但在收获季时，马铃薯块茎仍会受到感染，并在贮藏时腐烂。

疫霉的菌丝可以从被感染的植物中伸出，产生孢子并通过风传播，也可以通过游动孢子（取决于温度）在潮湿的土壤中移动并感染块茎。不论是哪种传播方式，这些孢子都会萌发并感染植物，在宿主的组织内生长，并从气孔中萌出产生额外的孢囊梗。大约 4 天后，被感染的植物将成为新的感染孢子来源，也就是说，病原体在一个生长季内

微生物瘟疫

大饥荒对爱尔兰的打击最为严重（因此也被称为"爱尔兰马铃薯饥荒"），在短短几年内，有 100 万人饿死，还有 200 多万人（甚至更多）逃离爱尔兰。爱尔兰的人口至今仍未完全恢复，而且远远低于大饥荒前的人口数量：大饥荒发生前，爱尔兰岛的人口约 850 万，而目前的人口只有约 670 万。

晚疫病的发病周期

通过活动的游动孢子，晚疫病迅速传播。马铃薯植株的不同部位都可能被感染。如果一棵植株上存在两种交配类型，那么病原体可以进行有性繁殖：卵原细胞（雌性）与精子器（雄性）结构相互融合产生卵孢子。

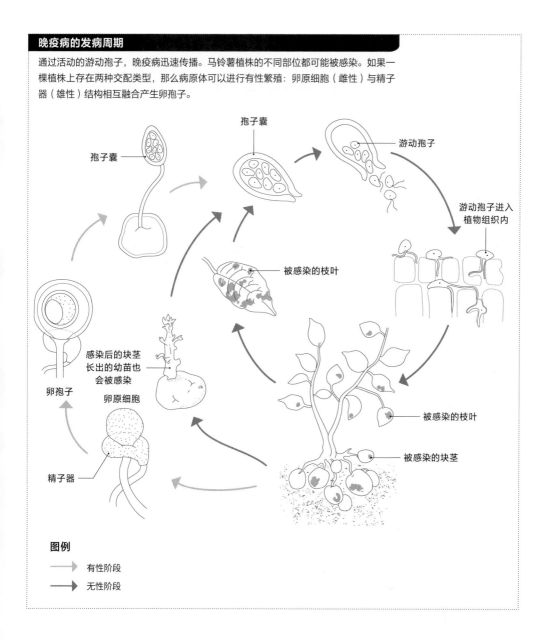

孢子囊

孢子囊

游动孢子

游动孢子进入植物组织内

被感染的枝叶

卵孢子

感染后的块茎长出的幼苗也会被感染

卵原细胞

被感染的枝叶

精子器

被感染的块茎

图例

→ 有性阶段

→ 无性阶段

能进行大量无性繁殖。

　　幸运的是，当时人们没有发现这种生物体的有性繁殖阶段，因此，科学家们通过研发杀菌剂，以及利用传统育种技术培育出对晚疫病有抗性的马铃薯品种等措施，在对抗晚疫病方面取得了一定成效。但是在 20 世纪 80 年代，病原体突然不知从何处获得了对杀菌剂的免疫力，而且"战胜"了具抗性

病原体的传播

最初，单一交配型的晚疫病病原体侵染马铃薯。很久以后，第二种交配型的病原体也侵染马铃薯，使病原体发生有性繁殖，从而增加了这种破坏性生物体的遗传多样性。

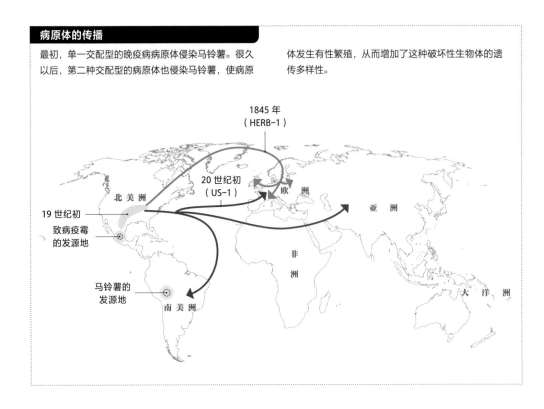

的马铃薯品种。第二种交配型的病原体已侵入全世界的马铃薯田。

事实证明，致病疫霉在生命周期中确实会发生有性繁殖，但在 20 世纪 80 年代以前，人们很少看到这一阶段的发生，因此对其一无所知。为了了解病原体这种新变化带来的威胁，科学家们不得不进行溯源，研究病原体的演化史。根据墨西哥中部病原体的遗传多样性数量以及其他一些关系密切的物种数量，该地区被确定为致病疫霉的起源中心，而马铃薯的起源中心则位于安第斯山脉。

安第斯山脉的原住民种植马铃薯已有数百年，相对来看，马铃薯没有受到疾病侵扰。欧洲人就是在这里发现了马铃薯，并将其带回了旧大陆[1]。马铃薯很快便成为非常受欢迎的食物。此时的马铃薯没有感染晚疫病，因为这种病的病原体在欧洲并不存在。但是，当欧洲人开始移民到北美洲时，这种情况就发生了改变。

在新大陆，致病疫霉是当地茄科植物（辣椒、番茄和茄子）的病原体，同样也会感染从欧洲各地购买而来的马铃薯。随着新、

---

1 也称"旧世界"。欧洲人"发现"美洲大陆后，将其称为"新大陆"，与之相对应的，亚洲、欧洲和非洲被称为"旧大陆"。

旧大陆之间贸易的往来，晚疫病病原体的 A1 菌株开始在二者之间传播。

这种菌株活跃了几十年，尽管具有破坏性，但它只能进行无性繁殖。20 世纪 80 年代，第二种交配型（A2）传到了欧洲，不久就传到了北美洲，这使得病原体可以进行有性繁殖，进而发生基因重组。这样一来，我们可能将再次面临马铃薯作物灭绝的威胁。

马铃薯是全球第四大粮食作物，也是养活世界人口的主要谷物作物的重要替代品。在北美洲，马铃薯是我们能买到的最便宜的食物之一，但矛盾的是，它也是种植成本最高的作物之一，因为种植马铃薯需要使用大量化学制品来确保其不被各种病原体感染，其中就包括致病疫霉——一种始终等待着宿主的致命病原体。据估计，全球每年因晚疫病造成的马铃薯作物的经济损失约为 70 亿美元。每年的天气状况决定了晚疫病暴发的程度，所以马铃薯种植者会时刻监测天气情况，以分钟为单位实时跟踪会促使疫情暴发的条件，并在出现感染迹象时及时使用预防性杀菌剂。

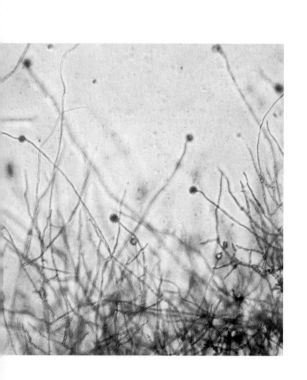

<< 致病疫霉长期以来一直被认为是一种真菌，因为它以菌丝的形式生长

⋀ 1888年绘制的马铃薯感染晚疫病的插图

Amanita caesarea

橙盖鹅膏

历史创造者

....

- ● 担子菌门　Basidiomycota
- ● 蘑菇目　Agaricales
- ● 鹅膏科　Amanitaceae

栖息地｜森林

　　在所有由毒蘑菇导致的谋杀案中，最有名的案例就是公元 54 年罗马帝国的统治者克劳狄一世的死亡事件，这一事件可能也改变了世界历史的进程。据推测，正是因为他对这种卵形蘑菇的喜爱，才使得珍贵的食用鹅膏菌被命名为"凯撒蘑菇"。而他最终也死于此。

　　克劳狄一世在其侄子卡利古拉（Caligula）被刺杀后登上王位。当时，卡利古拉一直允许年长的克劳狄与其共同执政，但这主要是为了让克劳狄当替罪羊或替身，公开羞辱他并使自己得益。随着卡利古拉的离世，克劳狄成了罗马唯一的皇帝，大多数历史学家都对他印象深刻。如果说克劳狄有什么缺点的话，那就是他在位期间是个花花公子。他有四个妻子，如果再算上在婚礼当晚神秘死亡的那个，以及在祭坛上因家人的调解而结束婚约的那个，一共有六个妻子。

　　克劳狄的第四任妻子是阿格里皮娜（Agrippina），她是奥古斯都的亲戚，其实也是克劳狄的外甥女。克劳狄将阿格里皮娜的儿子尼禄收为养子。大多数学者都认为这段婚姻是出于便利和政治考虑，但即便如此，它仍持

续了多年，直到克劳狄逝世。众所周知，克劳狄是被他最喜欢的蘑菇毒死的，但是不是有毒的鹅膏菌被混入了可食用的鹅膏菌里，我们不得而知。我们知道的是，阿格里皮娜曾多次与克劳狄争论，希望由她的儿子尼禄担任王位的继承人，但克劳狄偏爱亲生儿子不列塔尼库斯（Britannicus）；结果是，克劳狄死后，尼禄成了罗马新的统治者⋯⋯

　　关于克劳狄的死众说纷纭：到底是什么毒药，它是怎么起作用的，又是谁把它混进了他的饭菜中？学者们意见不一。我想你可以说克劳狄死于"妻子太多了"！我想你们还需要知道的是，时至今日，有许多流行的意大利菜都是以"凯撒"命名的，但没有一种以"阿格里皮娜"命名。

>> "凯撒蘑菇"遍布北半球。图中展示的是美丽的欧洲物种——橙盖鹅膏

Sporophagomyces chrysostomus

金口嗜孢菌

与众不同的生活方式

· ·

- 子囊菌门　Ascomycota
- 肉座菌目　Hypocreales
- 肉座菌科　Hypocreaceae

栖息地｜森林

不同的层孔菌看起来外形各异，但它们的生理结构都很有趣。许多层孔菌都是多年生的，常年寄生在木质宿主上，所以你可以在隆冬时节观察它们。下次你遇到层孔菌时，仔细观察一下，有些看起来像是发霉的老多孔菌其实既不老也不发霉。

对不经意看到金口嗜孢菌的观察者来说，这似乎是一种长在树舌灵芝或其他木质多孔菌底部的从白色到棕色的肮脏的霉菌。但这种真菌可能既不是腐生菌，也不是寄生菌——顾名思义，嗜孢菌是吃孢子的。你也许会觉得这对真菌来说是一种不寻常的生活方式，也正是由于这种奇怪的习性（以及其他一些特征），导致芬兰的真菌学家卡德里·珀尔德马（Kadri Põldmaa）怀疑三种嗜孢菌不应该与菌寄生属（一大类寄生真菌）的真菌归为一类。而 DNA 序列的分析也证实了她的结论，所以需要一个新的属来归纳这三个物种——1999 年新命名的嗜孢菌属。

世界各地都发现了金口嗜孢菌，而且其与层孔菌灵芝属的真菌关系最为密切。金口嗜孢菌的菌丝长在多孔菌下，因为它们能在那里捕获大量的孢子。这种奇怪的真菌会刺穿孢子的细胞壁并以其内容物为食。除此之外，人们对其知之甚少。人们在采集灵芝时，很可能将嗜孢菌当作碎片或污染物处理掉了。也有极少数的情况，人们为了采集嗜孢菌，会将其宿主丢掉，使得采集不完整，信息量也较少。

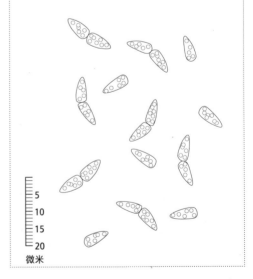

"轻食"

嗜孢菌属真菌有一个奇怪的习性，就是以其他真菌的孢子为食。这种真菌的孢子非常小，如图所示，尺寸小于 20 微米（1 微米 =10^{-6} 米）。

5
10
15
20
微米

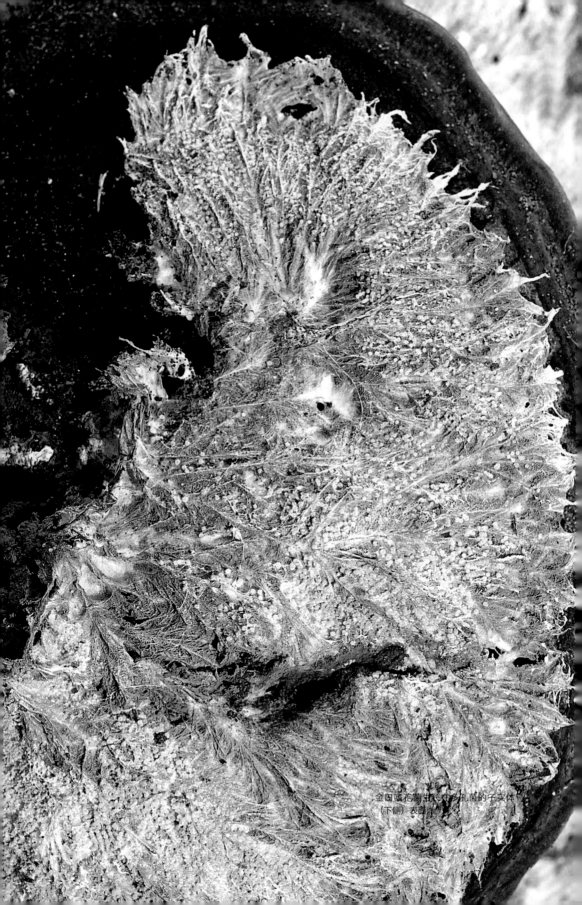

金囊嘴孢菌生长在粪虫机菌的子实体
（下侧）表面

Plasmopara viticola
葡萄生单轴霉
科学界的意外发现

- 卵菌门　Oomycota
- 霜霉目　Peronosporales
- 霜霉科　Peronosporaceae

栖息地｜葡萄园

　　一些最伟大的科学发现都可以归功为偶然——在恰当的时间出现在恰当的地点，但更多时候，依赖的是聪明的头脑和敏锐的观察。而正是由于这种敏锐的观察，拯救了 19 世纪末法国的葡萄酒行业。当时，葡萄霜霉病正在法国的葡萄园中肆虐。

　　这种疾病是由一种卵菌——葡萄生单轴霉引起的，它有着卵菌标准的生命周期。卵孢子（性孢子）在前一年的落叶中越冬，春天时长出孢子囊（产生无性孢子的容器）和游动孢子。它们在风或雨水的作用下进入活的植物组织中。游动孢子通过鞭毛移动，能够在叶片表面游动并找到感染部位，进而在植物组织内迅速传播。新的孢囊梗将在几天内形成，产生更多的孢子，进一步传播疾病。在生长季结束时，剩下的只有裸露的植物和大量休眠的卵孢子。

　　1876 年，一位才华横溢的法国植物学家皮埃尔·马里·亚历克西斯·米亚尔代（Pierre Marie Alexis Millardet，时任波尔多大学的教授）正在研究当时最新暴发的一种葡萄疾病，病因是一种根瘤蚜（*Phylloxera*）昆虫入侵了葡萄藤的根部，而这刚好与葡萄霜霉病同时发生。有一天，当米亚尔代漫步回家经过当地的葡萄园时，他注意到离道路最近的葡萄藤上溅上了一种奇怪的蓝绿色物质。出于好奇，他开始检查这些带有奇怪物质的植物，随后发现只要是有蓝绿色物质的葡萄植株，叶子上都没有感染霜霉病的迹象。种植者透露，为了防止窃贼偷摘葡萄，他给这些植物涂抹了硫酸铜和石灰的混合物。米亚尔代发现这种被称为"波尔多液"的混合物对各种真菌都有效，因此即使到现在，波尔多液仍然是最常用的杀菌剂之一。

偷酒贼

葡萄生单轴霉对葡萄的破坏性很强。微小的树状孢子囊产生大量致病孢子。

50 微米

健康的葡萄和枯萎的葡萄显示出感染了霜霉病的迹象

Cryptococcus gattii

格特隐球菌

感染人类的病原体

....

- 担子菌门　Basidiomycota
- 银耳目　　Tremellales
- 银耳科　　Tremellaceae

栖息地 | 森林

外来的病原体似乎无处不在。自 20 世纪 90 年代以来，一种神秘的真菌病原体在美国西北太平洋地区缓慢传播，已经导致数百人患病或死亡，而患者通常只是在树林里散步就被感染了。研究人员已经确定罪魁祸首是格特隐球菌，这种真菌会导致罕见的严重脑部和肺部感染，甚至致人死亡。

格特隐球菌通常分布在全球的热带地区，所以人们非常困惑它是如何到达美国西北太平洋地区的。如今，研究人员认为他们找到了答案，且这是真菌史上最不可能发生的一系列事件之一。根据对从患者身上采集到的所有样本以及环境标本进行的遗传分析得知，在 88 年的时间里，毒力强大的格特隐球菌在三段不同的时期出现。这三种菌株似乎都起源于南美洲东部，第一种菌株的到来与 1914 年巴拿马运河的开通有关。人们认为这种可以在海水中生存长达一年的真菌是通过远洋船只的压舱物运输而来的，而这一过程后来又发生了两次。

由于这三种菌株都是在海洋环境中找到的，过去的几十年中肯定发生了什么，把这种真菌推向了内陆。研究人员已经确定了一起令人难以置信的随机事件：1964 年阿拉斯加发生的大地震。这是北半球有史以来最大的地震，它引发的海啸淹没了整个西海岸，很可能将隐球菌带到了内陆。

专家认为，这种真菌花了大约 30 年的时间才适应热带地区以外的环境，在此期间，它已成为一种毒性更强的病原体。当人类吸入有毒力的格特隐球菌时就会感染隐球菌病。这种真菌会被人类的免疫系统吞噬，但不会被消灭。相反，它会把人体的巨噬细胞（抗感染细胞）当作"特洛伊木马"，并在血液中传播。人们认为，这种真菌演化出这种生存技巧，是为了避免在土壤中被变形虫消化。

>> 取自活体组织检查的单细胞真菌——格特隐球菌的显微镜图像，其中被染成粉红色的是真菌细胞

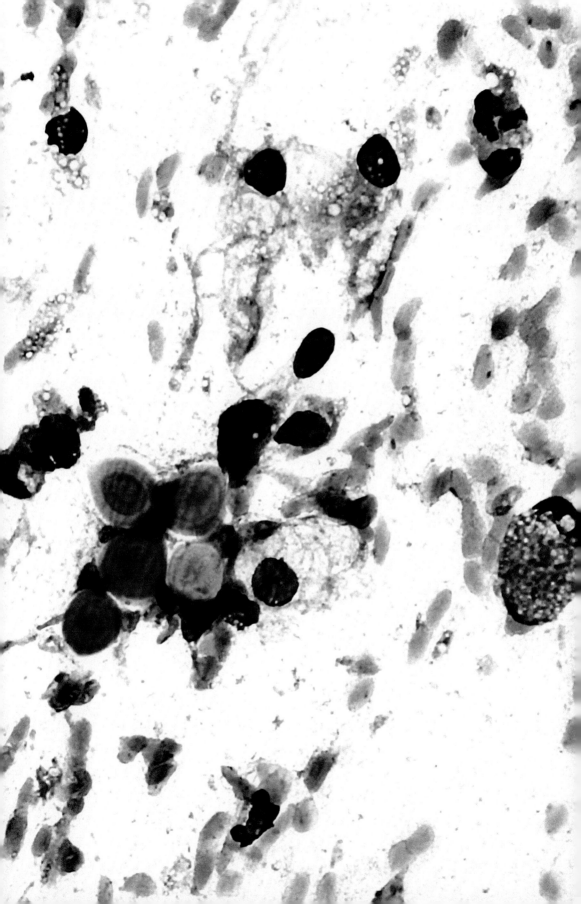

Calocybe gambosa

香杏丽蘑

著名的蘑菇

....

- 担子菌门　Basidiomycota
- 蘑菇目　Agaricales
- 离褶伞科　Lyophyllaceae

栖息地｜草地

　　香杏丽蘑也被称为"圣乔治蘑菇"（St. George's Mushroom），这是因为它们会准时在4月23日圣乔治节当天或前后长成。但是，由于全球气候变化，未来这种蘑菇可能将会在圣乔治日之前就发育成熟，这样一来，新一代的孩子可能就会疑惑为什么要称呼它们为"圣乔治蘑菇"。

　　虽然这种蘑菇并不分布于北美洲，但由于它在欧洲非常受欢迎，所以很多人都听说过它。这种广受欢迎的食用蘑菇长在草地和公园中，并且会形成巨大且明显的蘑菇圈，其中最大的一些蘑菇圈可能已经存在了几个世纪。

　　至于名称中的"圣乔治"，他是一名圣人，被誉为天灾的征服者和屠龙者。历史学家认为，在异教徒古罗马皇帝戴克里先（Diocletian）统治时期，有一位杰出的基督徒——乔治。关于

乔治的生平有一种说法：他是一名官员，在信奉无神论的皇帝面前宣称自己是基督徒，于是他在公元303年时被斩首。许多关于圣乔治的画作中都描绘了他杀死一条龙的情景，我们可以假设他杀死了最后一条龙，因为自那以后再也没有看到过龙，当然更有可能是用龙隐喻邪恶之人或无神论者。无论如何，如果你要到欧洲参加圣乔治节，请留意飘扬的圣乔治旗帜和爆裂的圣乔治蘑菇。

>> 香杏丽蘑

Nectriopsis violacea
紫色拟丛赤壳菌
"隐形"的真菌

....

- 子囊菌门　Ascomycota
- 肉座菌目　Hypocreales
- 生赤壳科　Bionectriaceae

栖息地｜森林和城市

　　黏菌是一类有趣的似变形虫的生物，几个世纪以来一直困扰着科学家。你肯定见过它们，但可能不知道它们是什么，因为它们会在环境中移动，从物体的表面渗出，吞噬细菌和其他微生物。根据多种黏菌的形态和习性，人们长期以来将它们归为真菌。但在现代分子分析方法的帮助下，科学家已经将它们归为原生动物——既不是真菌，也不是动物。

　　在所有黏菌中，最有名的可能要数煤绒菌（*Fuligo septica*），因为它有个有趣的别称——"狗吐黏菌"（Dog Vomit Slime Mold）。这种巨大的原质团在全球范围内都很常见，无论是在城市中还是在大自然中。将一些新鲜的木屑用水浸湿，一两天后，会出现大块的无定形物，看起来像一堆鲜黄色的炒蛋。黄色会逐渐变为桃红色，但通常会变成灰色甚至紫色。著名的真菌学家埃利亚斯·芒努斯·弗里斯（Elias Magnus Fries）根据其颜色变体命名了该物种及几个"变种"，但现在人们认为这一物种不同的颜色并非不同变种的辨别特征。

　　事实上，我们现在知道，紫色煤绒菌（*Fuligo septica* var. *violacea*）并不只是一种黏菌，其紫色（可能非常鲜艳或褪色为灰色）物质实际上是一种寄生真菌，即紫色拟丛赤壳菌。这种真菌有一种奇怪的习性，即以黏菌的孢子囊为食。紫色拟丛赤壳菌（及其近缘物种）广泛分布于北美洲、欧洲以及热带地区。它们常见于沼泽地的煤绒菌上，而煤绒菌则生长在泥炭藓配子体的顶端。虽然很少注意到，但如果你知道自己看到的是什么，它实际上是很常见的。所以下次你遇到黏菌时，仔细观察，可能会有更多发现。

　　≫　美丽的紫色拟丛赤壳菌正在吃一大团黏菌

MUTUALISTIC SYMBIONTS
互利的共生生物

万物共生，互为因果

"共生"是指不同生物之间的关系。但是，这些关系通常都不是简单地生活在一起，而且也不总是和谐的关系，这些我们都将在本章中进一步介绍。

"共生"一词最早出现于 19 世纪，用来描述地衣，地衣是由真菌与光合作用伙伴（通常是蓝细菌或 / 和藻类）组成的生物群紧密地生活在一起。正因如此，人们常常将共生与互利联系在一起。并不是说共生关系中的两个（或更多）伙伴不能和谐共处，但它们的关系也可能是对立或偏利共生的。随着环境或其他情况的不同，共生关系也可能存在更加复杂的情况，例如，在压力下，互利共生的关系可能变成寄生关系，合作伙伴可能不再和睦相处。

共生可以是专性的，这意味着这种关系对一方或双方的生存至关重要；也可以是非专性的。比如病毒，其与宿主之间的共生关系总是专性的，因为它们不能在宿主之外进行复制。尽管病毒的共生关系通常被认为是完全的对立关系，但几十年来，人们也持续发现了互利共生的例子；有些病毒会降低其他病毒或其他病原体造成的疾病的影响，或者杀死其竞争对手而使宿主受益。

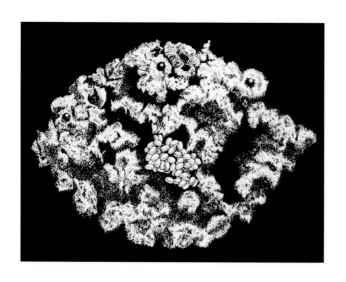

<< 蚂蚁和真菌之间的共生关系长期以来一直让人着迷。这张图片是1906年《大众科学》杂志上刊登的菌圃与蚂蚁卵

>> 切叶蚁实际上并不以它们收获的植物体为生，相反，它们赖以生存的是自己在地面以下"培育"的茂盛的菌圃

真菌与动物的互利共生

　　真菌和昆虫通过随机行为相互受益的例子不胜枚举，比如昆虫可以无意中将真菌的孢子带到宿主基质上。但是，随着时间的推移，它们也演化出了更深层次、更复杂的关系。

　　著名的演化生态学家丹·詹曾（Dan Janzen）认为协同进化是"一种生物为了应对另一种不同生物的特征而发生的一种或多种特征的演化"。例如，最初可能是寄生或捕食关系的共生体可以通过协同进化而发展成更为良性的关系。事实上，如果寄生生物对宿主的危害较小，那这种关系通常对寄生生物有利；如果寄生生物能更进一步，对宿主有所裨益，那么它就能进一步提高自己的适

❥　切叶蚁（*Atta* sp.）正在照料它们的菌圃

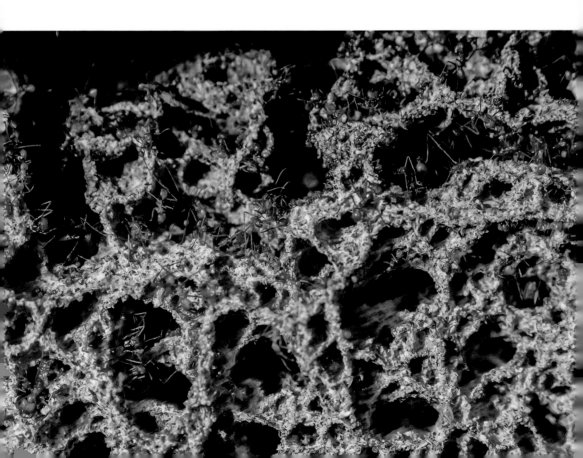

应性。通过这种方式（以及经过长期的协同进化），一些物种可以完全依赖另一物种生存。

在农场上

我来自一个农民世家，家里种了很多我已记不清的植物，还有一些食用蘑菇。但其实，人类并不是唯一会培育其他生物的生物。人们广泛研究的共生现象中就包括养殖真菌的蚂蚁、白蚁以及食菌小蠹的情况，还有其他尚待发现的共生现象。

人类农业的主要特征是习惯性种植（在土地上耕作、播种，或"接种"）、栽培（除草和清除病虫害）、收割以及营养依赖。令人惊讶的是，昆虫"农民"也表现出同样的特征，它们的"耕作"策略包括改良基质的制备机制、接种真菌繁殖体、通过定期活动优化真菌生长、保护真菌免受寄生虫或疾病的侵扰、收获和食用真菌。一些昆虫"农民"的做法与人类的商业化农业实践还有更为相似之处。在商业社会中，我们经常看到劳动分工，人们只负责单一的耕作、种植或收割任务。在蚂蚁和白蚁"农民"中也有了类似的情况，不同的种群会专门负责某一项任务，而小粒绒盾小蠹（*Xyleborinus saxesenii*）的互利共生则体现在幼虫和成虫之间的分工上。

新大陆的几种蚂蚁会收集植物材料，用来培育白鬼伞属（蘑菇科）真菌。切叶蚁是

环境工程师

乍一看，忙碌的蚂蚁似乎是在一大堆泥土中走来走去。但仔细观察会发现，这里有一个复杂的结构，其中包括育儿和种植食物的区域。

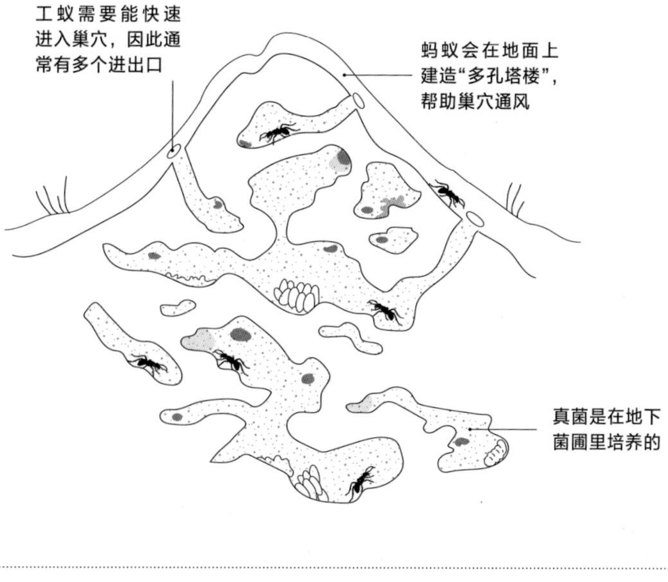

工蚁需要能快速进入巢穴，因此此通常有多个进出口

蚂蚁会在地面上建造"多孔塔楼"，帮助巢穴通风

真菌是在地下菌圃里培养的

功能决定形式

蚁巢伞属（*Termitomyces*）真菌是在深埋于土壤的白蚁巢穴中培育的。当菌柄伸长时，菌盖会被推向土壤表面。直到冒出土壤，菌盖才会完全打开并开始产孢。

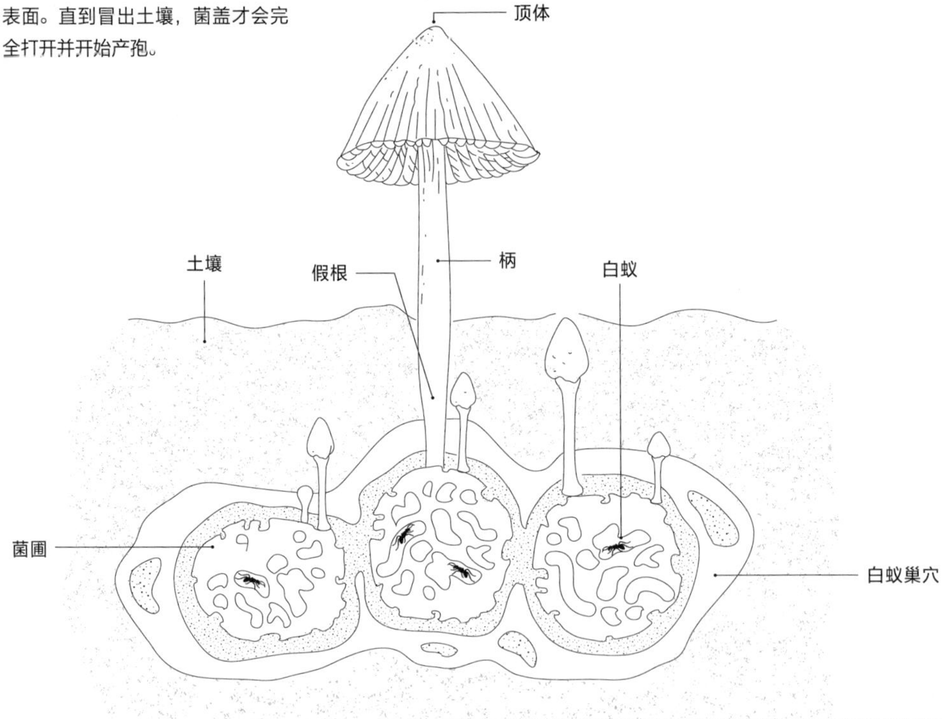

顶体

柄

白蚁

假根

土壤

菌圃

白蚁巢穴

"单飞"

　　大多数白蚁在开始繁衍一个新的族群时，会从头开始培育菌圃。它们从真菌的子实体中收集孢子开始新的"耕种"，只有少数白蚁会带着"老家"的真菌开展新的生活。马达加斯加因其丰富而独特的动植物群引起了博物学家们的兴趣，但让人们最为疑惑的是，这个岛屿已被隔离了数百万年，有的生物是如何到达那里的……一种解释是，装满了动物和植物的木筏从非洲漂洋过海来到岛上。另一种解释是，大气的气流把一些比较轻的动物、种子和真菌孢子带到了这里。"种植"蚁巢伞属

真菌的白蚁起源于非洲，并沿陆地扩散到亚洲，但它们又是如何到达马达加斯加的呢？事实证明，在马达加斯加发现的都是那些带着"老家"的真菌开筑新巢的白蚁。马达加斯加的白蚁都起源于这些白蚁，它们来到岛上后开枝散叶形成了不同的新的白蚁种群。但真菌的情况有所不同，马达加斯加的真菌来自三个不同的种群，在非洲大陆上都有着各自的代表物种。而这些真菌是怎么传播到马达加斯加的，仍然是个谜。

一类原产于南美洲的养殖真菌的蚂蚁。这些所谓的社会性昆虫"农民"会在地下菌圃中培育真菌，利用分解过程而不是光合作用来生产和收获生存所需的营养。

对 7 种蚂蚁及其真菌伙伴的基因组序列进行的 DNA 分析表明，蚂蚁在 6000 万至 5500 万年前就开始"种植"真菌了，这种"农业互惠"的关系也已经演化了数百万年。漫长的协同进化过程导致蚂蚁和真菌变得不可逆转地相互依赖：蚂蚁已经失去了产生精氨酸的能力，真菌也失去了消化木头或树皮的能力，只能依赖于蚂蚁给它们带来多叶植物。

令人难以置信的是，作为趋同进化的产物，旧大陆的白蚁"种植"菌圃的方式与新大陆的蚂蚁类似。白蚁"种植"蚁巢伞属担子菌有两方面的好处：一方面，这些真菌能够直接作为其食物；另一方面，真菌能够分解木头（尤其是纤维素）作为白蚁的食物。白蚁本身无法消化木头，因此它们只能依靠肠道中的各种原生动物和其他微生物来分解木头，或是借助外部真菌的帮助。

从我们人类的历史就可以看出，农耕是一种很好的生存策略。大约一万年前，随着农业的发展，人类的数量才会激增。同样的，"农业"白蚁和切叶蚁似乎也取得了类似的成功，它们筑起巨大的巢穴，能够容

❯ 一个被挖掘出来的白蚁菌圃，所有表面都覆盖着真菌的菌丝

纳数百万只工蚁。根据DNA测序和化石记录，我们知道"蚂蚁—真菌"和"白蚁—真菌"之间是独立演化的，甚至可能演化了好几次。我们还知道，虽然白蚁的形态与蚂蚁相似，但它们的出现比蚂蚁早得多，其与真菌的互利关系也是如此——白蚁与真菌的共生关系比蚂蚁与真菌的关系要早3000万到5000万年。

鲜为人知的真菌"养殖户"

除了小蠹、白蚁和蚂蚁，还有其他与真菌协同进化的昆虫。地球上有无数种蛀木昆虫，但它们都无法产生能消化木质纤维素的酶，所以必须与能为它们产生纤维素酶的微生物共生。其中一个例子是鸽形树蜂（*Tremex columba*），这是一种体型很大（约5厘米长）的树蜂科（Siricidae）食木昆虫。跟所有树蜂一样，鸽形树蜂依赖于担子菌中的白腐菌作为其产酶伙伴，它们会将这些真菌带到木源上。这些共生关系是互利的，因为双方都能从中受益：树蜂通过利用纤维素获取了森林中的大量能源，而真菌不仅能被传播到特定的宿主树上，还能越过树的第一道防线——树皮进入树的内部。

最奇怪的菌养昆虫可能与暗褐脉柄牛肝菌（*Phlebopus portentosus*）有关，这是一种来自亚洲的极受欢迎但很奇怪的食用牛肝菌。牛肝菌被认为是菌根真菌，与树木或其他植物

共生，但暗褐脉柄牛肝菌的生活方式要复杂得多。如果你在自然界中找到一株黑色牛肝菌，仔细检查它的柄底，你会发现菌丝向下延伸到土壤中，跟其他蘑菇一样。但是，暗褐脉柄牛肝菌的菌丝不是通向活的植物根尖（如同菌根真菌）或是腐烂的物质（如同腐生菌），而是通向第三类生物——致瘿昆虫。

虫瘿在许多植物上都很常见，它们通常作为植物组织的增生物（很像肿瘤）出现。虫瘿通常是致瘿昆虫幼虫的微栖息地，幼虫就生活在虫瘿内，当幼虫从植物宿主那里获取营养时，还能免受捕食者的侵害。但与暗褐脉柄牛肝菌相关的虫瘿并非如此：虽然虫瘿也长在宿主植物的根上，但不是由植物组

ᐱ　一只自在生活的粉蚧的特写。粉蚧是常见的植物害虫

ᐺ　奇怪的暗褐脉柄牛肝菌，一种在亚洲很受欢迎的栽培蘑菇

织形成的，而是真菌的菌丝，因此它们是"真菌–昆虫虫瘿"。

迄今为止，已经确认了粉蚧科（Pseudococcidae）中的 6 种粉蚧与暗褐脉柄牛肝菌为伍，它们的宿主植物超过 21 种。真菌和昆虫之间的关系是紧密相连的：没有真菌的保护，根粉蚧就无法生存；而真菌则从昆虫分泌的蜜露中获得额外的营养。对宿主植物来说，根部寄生了这两种生物似乎无关紧要——因为感染似乎没有症状。

真菌与植物的互利共生

绝大多数植物物种已经与真菌形成互利共生的关系。陆地植物吸收养分并不依靠它们的根，而是靠菌根真菌。

在世界上 90% 或更多的植物物种以及几乎所有树木的根部，很可能都有共生菌定居。菌根组合中，真菌菌丝在宿主植物的根内部及其周围生长，并向外延伸到周围的土壤中，从而使植物根系的表面积增加数百到数千倍。菌根真菌非常普遍，而且是植物获取营养的基础，如果没有真菌伙伴，大多数植物都无法生存，除非有某种人工投入来替代真菌——在添加大量水分和肥料的情况下，植

❯ 菌根真菌的菌丝向外延伸到土壤中，极大地增加了植物根系的吸收表面

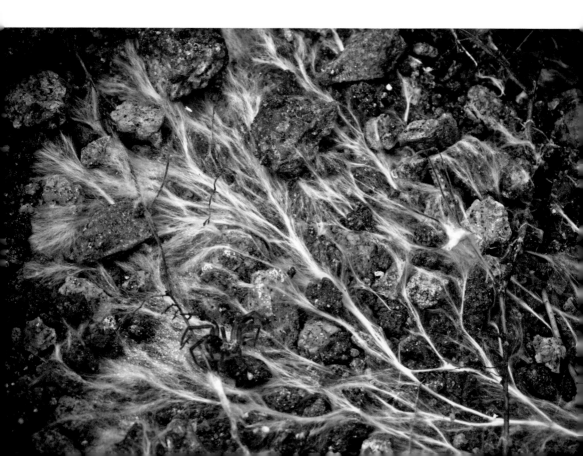

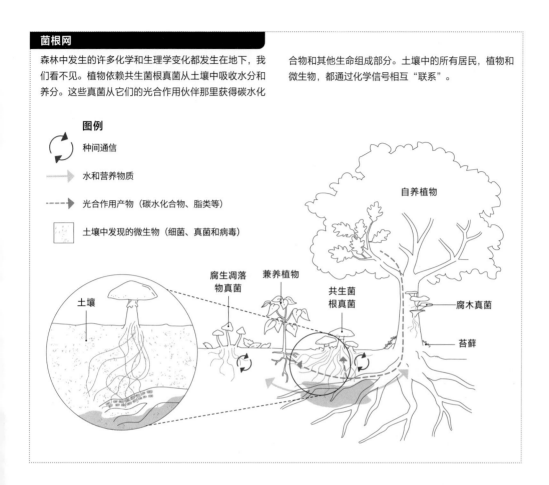

菌根网

森林中发生的许多化学和生理学变化都发生在地下，我们看不见。植物依赖共生菌根真菌从土壤中吸收水分和养分。这些真菌从它们的光合作用伙伴那里获得碳水化合物和其他生命组成部分。土壤中的所有居民，植物和微生物，都通过化学信号相互"联系"。

图例

种间通信

水和营养物质

光合作用产物（碳水化合物、脂类等）

土壤中发现的微生物（细菌、真菌和病毒）

自养植物

腐生凋落物真菌

兼养植物

共生菌根真菌

土壤

腐木真菌

苔藓

物可能会抛弃其真菌伙伴，而这可能也是城市树木中蘑菇多样性如此低的原因。

菌根真菌本质上是乐善好施的寄生生物，它们从植物的脂质和碳水化合物中获益，然后提供水分以及氮、磷和钾等必需营养素来回报植物。有趣的是，人们发现菌根真菌含有纤维素酶，这表明它们可以从环境中腐烂的有机物中以腐生的方式获取营养，也可以从植物宿主中以活养寄生的方式获取营养。

化石记录告诉我们，菌根组合可以追溯到约 4.6 亿年前，这意味着这种共生关系存在的时间大约与陆地植物一样长。它们可能在水生植物"入侵"陆地栖息地时发挥了关键作用，水生植物在与真菌形成共生关系之前无法在干燥的陆地上生存。从低等植物开始，陆生植物迅速繁衍，菌根真菌亦如是。事实上，"菌根组合"在历史上出现过好几次，虽然所有的菌根共生都发生在植物根部，但其生理学特征可能会有很大差异。

外生菌根真菌和内生菌根真菌

外生菌根真菌在植物根部组织中生长，但不会进入根的细胞中。菌丝伸入植物根皮层细胞间，形成一个"哈氏网"。外生菌根（简称ECM）最常见的形式是由真菌菌丝相互交错覆盖在树木细根表面，这层"覆盖物"会使植物的根尖看起来更大，从而更加明显可见。外生菌根真菌与大多数针叶树和许多阔叶树有关，包括栎树、水青冈、南青冈和桉树。全球的森林中有4000多种外生菌根真菌，包括许多珍贵的食用菌，如牛肝菌、鸡油菌、鹅膏菌和块菌等。

相比之下，内生菌根真菌不仅会伸入植物根的组织中，还会进入根的细胞内。与外生菌根真菌不同，它们不会在根的表面形成厚厚的覆盖层，也不会产生艳丽的大型子实体。事实上，大多数内生菌根真菌不会产生真正的子实体，少数物种会在土壤中产生球状或块状的孢子，但许多物种似乎没有有性繁殖阶段，甚至可能没有有性繁殖的基因。由于它们的隐蔽性，而且（大多数物种）无法在实验室中培养，所以大多数内生菌根真菌仍鲜为人知。而讽刺的是，这些真菌主宰着地球陆地上的所有生命。

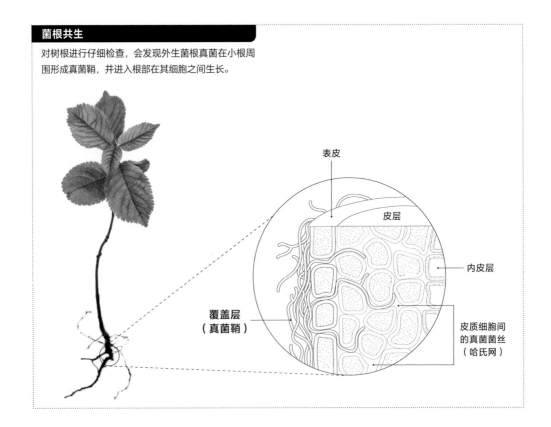

菌根共生

对树根进行仔细检查，会发现外生菌根真菌在小根周围形成真菌鞘，并进入根部在其细胞之间生长。

表皮

皮层

内皮层

覆盖层
（真菌鞘）

皮质细胞间
的真菌菌丝
（哈氏网）

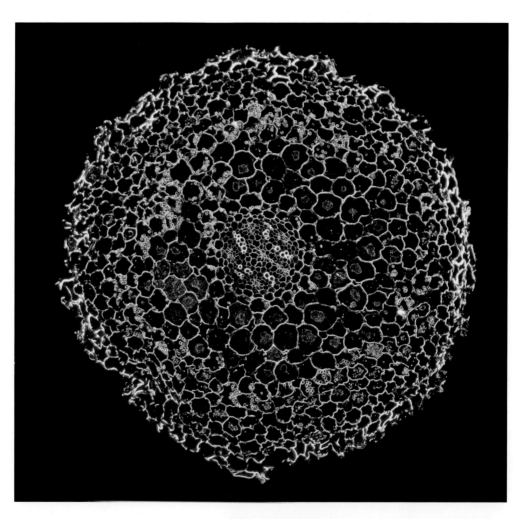

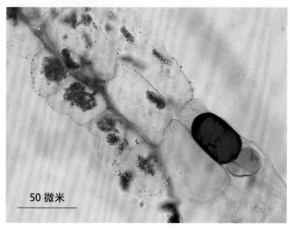

50 微米

人 兰花的"根"更像是茎，主要功能是帮助植物固定在适当的位置。在植物细胞内生长的内生菌根真菌延伸到基质中，吸收水分和营养。根据兰花根部的横截面，可以看到植物细胞内的菌根真菌（被染成粉红色）

≫ 硬皮豆（*Macrotyloma uniflorum*）是一种亚洲常见的豆科植物，在其根部的细胞内有丛枝菌根真菌，看起来像倒置的小树

到目前为止，内生菌根真菌中最大的类群是球囊菌门的丛枝菌根（简称 AM）真菌。丛枝菌根得名于其"丛枝"形态（它们在植物根部的每个细胞内形成的高度分支结构），通过丛枝可以进行水和养分的交换。内生菌根的共生组合中涉及的植物种类比外生菌根更为广泛，其中有些组合发生在特定的植物群中，例如桤木属、兰科和杜鹃花科植物（杜鹃花属植物、蔓山鹃属植物以及越橘属的蓝莓和蔓越莓等）。这些植物中有许多物种都生长在沼泽或缺乏养分的土壤中，这绝非巧合，因为丛枝菌根真菌可以从贫瘠的土壤（包括岩石和干旱的土壤）中找到养分。

丛枝菌根真菌不仅能让宿主具有耐旱性、拥有在贫瘠的土壤中生存的能力，而且对于土壤的构建和维护也有至关重要的作用。因此，包括草、谷物、蔬菜、藤本植物和灌木在内的大多数植物都与丛枝菌根真菌建立共生关系也就不足为奇了，还有相当多的植物同时与丛枝菌根真菌和外生真菌形成菌根组合。

内生真菌和附生真菌

近年来，内生真菌（生活在植物体内的真菌）和附生真菌（生长在植物表面的真菌）已成为真菌学家研究的热点。关于这些真菌类群仍有很多未解之谜，但几乎所有被研究的植物类群中都存在内生真菌。这些真菌在其宿主植物的生命中似乎都发挥着关键的共

生作用，比如通过产生类植物激素使宿主具有耐旱性，或产生有毒化合物使其免受草食性哺乳动物和节肢动物的侵害。内生真菌和附生真菌还能保护宿主免受病害，包括由其他真菌引起的疾病。

对科学家、生物技术公司、农民、植物育种家和林业工作者来说，研究内生真菌或附生真菌及其宿主之间的关系可能会帮助人们找到对抗作物疾病的新方法、发现新的化合物，并获得这些真菌影响生物多样性的线索。例如，人们在稀有的红豆杉（*Taxus* spp.）中发现了治疗癌症的"特效药"紫杉醇（PTX）。但这一发现似乎可能会毁灭这些生长缓慢的树种，因为要从树皮中获取这种能拯救生命的化合物会直接导致树的死亡。后来，人们终于发现紫杉醇的来源其实不是红豆杉，而是生活在红豆杉体内的内生真菌。进一步的研究表明，不同属的几种真菌能产生相同的化合物，而且这些真菌可以在培养基中培养，因此不需要再牺牲这些珍贵的树种了。

菌丝网络

一株植物的根不会只与一种菌根真菌发生共生，它在任何时候都可能与许多不同的

ˇ 通过这张照片，我们看到的森林其实只是其一小部分。在地下，有一个由植物根系和真菌菌丝组成的相互连接的网络——木维网，这个网络可以输送水、养分和周围环境的化学信号

真菌相连。同样的，一种真菌也可能与多株植物共生，甚至是不同的植物物种。这样在地下就会形成一个菌丝网络，被称为"木维网"。这个网络不仅能运输水和养分，而且还起到了一种"菌丝互联网"的作用，即在植物之间共享化学信息的通信系统，发出的信号可以激发对土壤中病原体的共同防御，抑制邻近植物的生长，以及预警昆虫的攻击。植物之间也能通过共同的菌丝网络共享养分，使林下植物以及森林地面上缺乏光照的幼苗都能受益。在美国西北太平洋地区，被伐木者砍伐后留下的花旗松树桩依然可以继续存活数十年，因为它们的根部与木维网相连。

扭转局面

菌根真菌无疑是从寄生性的祖先演化而来的，但随着时间的推移，它们变得更为"乐善好施"。在演化过程中，共生体与宿主的关系可以从寄生关系转变为互利关系，有时，共生体会在自身生命周期或者宿主的生命周期的不同阶段转换其共生者或寄生者的身份。在这种关系中，大多数宿主是营光合作用的生物（共生光合生物），但并非总是如此，有些菌根植物扭转了局面——它们反过来成为其真菌共生体的寄生生物。

水晶兰属（*Monotropa*）植物本身没有叶绿素，不能进行光合作用，所以人们长期以来都认为它们要么是从腐烂的有机物中获取营养的腐生植物，要么是寄生于附近绿色植物的寄生生物。20 世纪 60 年代的放射性同位素实验证实，碳元素是从云杉转移到水晶兰上的，而真菌也参与了碳的转移，这一发现使水晶兰成为次级（重寄生）寄生生物。

重寄生是一种巧妙的适应性，因为它意味着寄生植物最终会从植物群落的其他部分吸收碳元素。据推测，像水晶兰这样的真菌异养型植物一定会给它们的真菌伙伴一些回报（尽管我们不确定是什么），但似乎并不会给营光合作用的植物共生体任何回报。那么，为什么这些"骗子"不会被"抓住"呢？问题在于，植物已经适应了大量菌根真菌的侵染，而且似乎也愿意通过木维网让碳源流向其他植物，只是它们似乎没有能力鉴别其中是否存在"骗子"——只获取碳源，却甚少回报的作弊者。因此，只要重寄生植物不影响真菌的健康，就能保证其食物来源的长期稳定。

兰科植物的生存机制与此大致相同，它们的营养来源于菌根真菌。与其他开花植物不同的是，兰科植物不能产生具有胚乳（提供营养）的种子，它们的种子只有灰尘大小，只有裸露的胚。为了发芽，这些"种子"需要被特定的菌根真菌寄生。这种真菌是幼年兰科植物唯一的"根"，是其所有营养的来源。然而，在这种特殊的关系中，有证据表明兰花可能对其真菌伙伴有益：兰花的菌根真菌似乎能从死亡和脱落的兰花细胞中获得蛋白质。

<< 水晶兰（*Monotropa uniflora*）不含叶绿素，无法进行光合作用。图中显示的是其花朵以及为数不多的叶子，这些叶子不再用于采光

地衣

与其说是真菌，地衣更像是小型的植物。事实上，在 19 世纪下半叶之前，地衣一直被误认为是植物。然而，它们其实是真菌的第三种互利共生的生活方式，意义非凡。

❱ 地衣的繁殖结构与其地衣共生菌
类似，图中所示为类似盘菌的例子

19世纪下半叶，海因里希·安东·德巴里（Heinrich Anton de Bary）、西蒙·施文德纳（Simon Schwendener）和阿尔贝特·伯恩哈德·弗兰克（Albert Bernhard Frank）都提出，地衣在自然界是共生的，我们现在知道它们是由地衣共生菌（真菌）和共生光合生物（藻类或蓝细菌，或二者兼有）组成的。当你将地衣微小的有性繁殖结构与非地衣型真菌的相比较时，会发现它们非常相似，这样一来，真菌与地衣之间的关联就变得显而易见了：大多数地衣看起来像盘菌，但也有一些长得像蘑菇。

地衣有趣的部分是它们的营养体（或称叶状体），这与非地衣型真菌非常不同。与过度生长或穿透基质的菌丝不同，地衣的叶状体很复杂，而且通常被分隔开。它的大部分结构都是真菌，其功能是获取营养并容纳共生光合生物，共生光合生物通过光合作用产生碳水化合物，发挥着至关重要的作用。

由于其共生性质，许多地衣能够在其他共生光合生物无法生存的极端环境下繁衍生息，在冻原、南极大陆和沿海沙漠等生态系统中都有特定的地衣群落占据主导。因此，大多数人都不会意识到地衣是地球上大部分地区的主要生命形式，甚至有少数地衣能在淡水或盐水中生长。但与其他许多种群相同

同群协力

一些光合生物群落（通常是藻类细胞），被真菌细胞构成的结构保护着，共同形成了地衣。共生光合生物在适合的条件下进行光合作用，产生碳水化合物以供给所有共生体。真菌组织能防止干燥，并通过假根丝牢牢固定在物体表面。

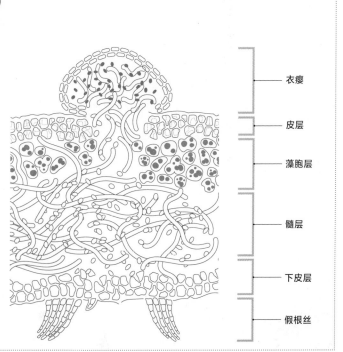

衣瘿

皮层

藻胞层

髓层

下皮层

假根丝

>> 岩屑地衣——齿腐石耳（*Umbilicaria torrefacta*），看起来很像动物的内脏

<< 19世纪中期，德国博物学家恩斯特·海克尔描绘了各种生命形式，包括地衣

的是，地衣在热带雨林的物种丰富度是最高的。我们不知道热带雨林中到底有多少地衣共存，但 1 万平方米内有 600 多种地衣物种的情况并不罕见。地球上没有任何生态系统能在类似的地区拥有更多的地衣物种。地衣几乎能在所有表面"定居"：比如树叶和哺乳动物的皮毛上，甚至一些寿命较长的螳螂身上也有微小的地衣群落，地衣能帮助它们更好地拟态成树叶。

最早的地衣大约出现于 3 亿至 2.5 亿年前的二叠纪。恐龙出现的时间比地衣稍晚些，大约在 2.3 亿年前的三叠纪。恐龙来了又走，而地衣仍然存在。人们对古代地衣的重建表明，它们的总体外观没有太大变化。值得注意的是，早期分化出来的地衣型真菌至今仍主要生长在裸露的岩石上，而且通常是在干燥的环境下，这可能与地衣最初出现时的环境相似。其中一些地衣，例如石耳属（*Umbilicaria*）和疱脐衣属（*Lasallia*）的地衣，确实给人一种古代生命形式或"活化石"的印象。

目前人类已知约有 18 000 种地衣物种，但由于许多类群仍鲜为人知，所以实际的地衣物种数量是这个数字的两倍也不无可

能。绝大多数地衣型真菌都属于子囊菌门，目前已知的子囊菌中几乎有三分之一都是地衣型真菌。以前，人们认为担子菌门中地衣型真菌非常少，但近些年来，这种看法一直在改变。我们现在知道，地衣型担子菌类群与地衣型子囊菌一样多样。特别是蜡伞科（Hygrophoraceae）的扇衣属，直到最近也仅有已知一个物种，而现在却被认为其下包含 400 多个物种。

自从有了现代分子生物学工具，人们加快了对地衣的性质和组成的了解，开始重视对地衣共生光合生物庞大的遗传多样性的研究。最常见的地衣共生光合生物包括蓝细菌中的念珠藻属（Nostoc），以及绿藻中的共球藻属（*Trebouxia*）和橘色藻属（*Trentepohlia*），不过在地衣中也发现了其他蓝细菌和绿藻，甚至还有褐藻。

正在进行的研究使人们不断发现新的

共生光合生物谱系，以及越来越多能同时与绿藻和蓝细菌组合共生的地衣型真菌。在这种情况下，主要的共生光合生物是绿藻，次要的共生光合生物是蓝细菌，蓝细菌存在于叶状体的衣瘿（cephalodia，来自希腊语的"kephalos"，因为它们看起来像小头）中。这样一来，绿藻和蓝细菌可以在不同的条件下进行光合作用，并提供不同类型的碳水化合物。重要的是，蓝细菌能够固定大气中的氮，而氮是氨基酸和其他有机分子中的关键元素，从而使地衣能够在营养不良的环境中生长。

可以说，地衣产生了令人惊叹的化学作用。虽然地衣在许多方面表现得像植物，但从它们不同的颜色我们也能看出其与真菌的关系，这些颜色主要来源于地衣叶状体上部沉积的色素。早在 1866 年，芬兰地衣学家威廉·尼兰德（William Nylander）就利用化学特性来区分形态相似的物种，这种鉴定方式至今依然适用。

当然，所有生物都具有化学特性。尽管不同生物的基础代谢有某些化学方面的共同点，比如呼吸作用、光合作用，或是碳水化合物、蛋白质和脂肪的形成，但每种生物也有特定的次生代谢，这种代谢通常是特定谱系所特有的，或者分散在不同的类群中。在地衣中，次生代谢产生的化学物质——次生化合物——在这些共生关系的生物学方面发挥着重要作用。例如，使地衣呈现各种颜色的色素可以作为防晒剂，保护地衣免受紫外线辐射的伤害，并使其在共生光合生物或

地衣共生菌无法独立存在的条件下生长。其他次生代谢产物通常存在于地衣或髓层的内部，在叶状体内部水和气体的交换中发挥作用，此外可能还有拒食剂的作用。

地衣在生态系统中发挥着许多不同的作用，从土壤形成的先驱，到调节水循环和空气湿度，再到固定大气中的氮以提供生物肥

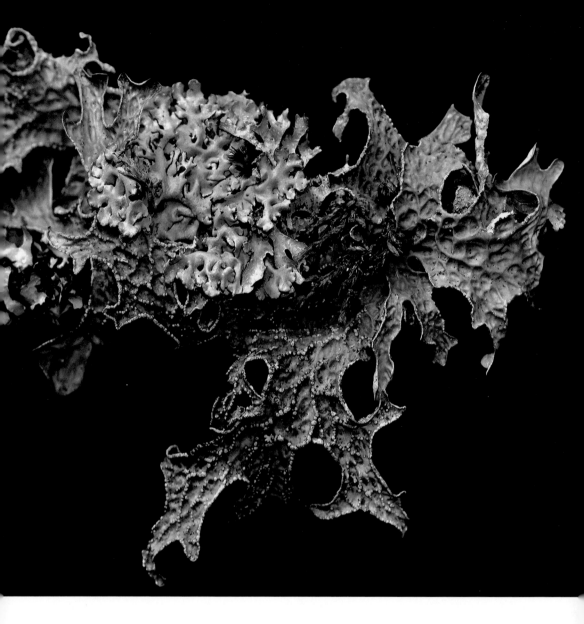

料。在一些动物的"菜单"上，地衣也是其主要的食物来源，而各种微生物和小动物则将地衣当作"家园"，将地衣转化为微型生态系统。

　　人类发现地衣有许多用途，可用于制药、传统医学、染料生产和食品中。地衣也被证实是环境健康的有效生物指标：城市地区地衣多样性的减少与人类肺癌死亡率的增加直接相关，但这并不是因为地衣可以预防肺癌，而是因为它们对污染的反应与人类相似。

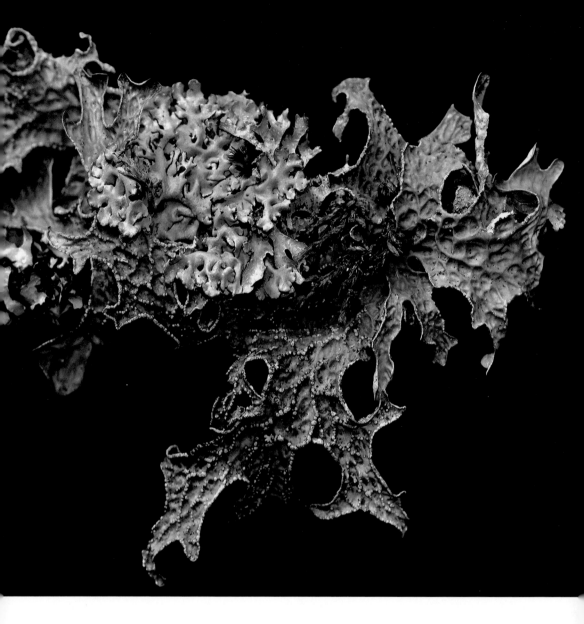
在一些栖息地，表面覆盖着不同的地衣是很常见的。图中的细枝上，绿棕色的是肺衣（*Lobaria pulmonaria*），灰色的是梅衣属（*Parmelia*）物种

Cerrena unicolor
一色齿毛菌
怪异的三角恋

....

- 担子菌门　Basidiomycota
- 多孔目　Polyporales
- 多孔菌科　Polyporaceae

栖息地｜森林

　　乍一看，你可能会把呈交叠簇状（"扇形缘毛"）的一色齿毛菌误认为是常见的变色栓菌（*Trametes versicolor*），因为它们都长在腐烂的原木上。但是它们有一个明显的区别，毛茸茸的一色齿毛菌顶部长有藻类，这使它呈现出绿色，所以它的英文名是"Mossy Maze Polypore"（苔藓迷宫多孔菌）。

　　一色齿毛菌的生命周期也比云芝更为复杂迷人，因为它是两种昆虫共生关系中的一部分：鸽形树蜂是真菌的共生生物，而黑马尾姬蜂（*Megarhyssa atrata*）是树蜂的寄生蜂。

　　黑马尾姬蜂是姬蜂科（Ichneumonidae）的一员，而姬蜂科是昆虫纲中最大的一个科（仅在北美洲就有 3000 个种！），它们是寄生在宿主体内并最终杀死宿主的寄生蜂。由于大多数宿主昆虫的体型都很小，所以姬蜂就更小些，但马尾姬蜂属物种是个例外：它们的体型很大。其中黑马尾姬蜂是最大的，算上触角和产卵器，雌性黑马尾姬蜂的体长可达约 19 厘米。

　　雌性黑马尾姬蜂通过检测其真菌伙伴一色齿毛菌发出的化学信号来定位树蜂的木质巢穴。雌蜂落在腐木上，然后开启强悍的"触角感应"——它有可能探测到树蜂幼虫在巢穴中的活动。然后，它利用其长得出奇的产卵器钻穿腐木，伸入树蜂幼虫所在的巢穴通道中：它可能将卵直接注入树蜂幼虫体内，也可能直接产在巢穴通道中（这一点科学家还未能确认）。

卵一旦孵化，姬蜂幼虫就会以树蜂幼虫为食，在几周内就能将其完全吃掉。随后，姬蜂幼虫会在宿主的巢穴通道内化蛹。到第二年春天，成年的黑马尾姬蜂出现了。

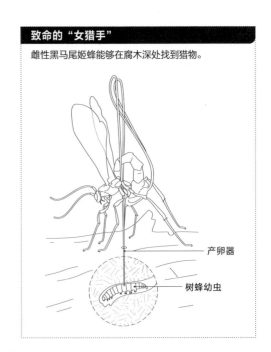

致命的"女猎手"
雌性黑马尾姬蜂能够在腐木深处找到猎物。

产卵器

树蜂幼虫

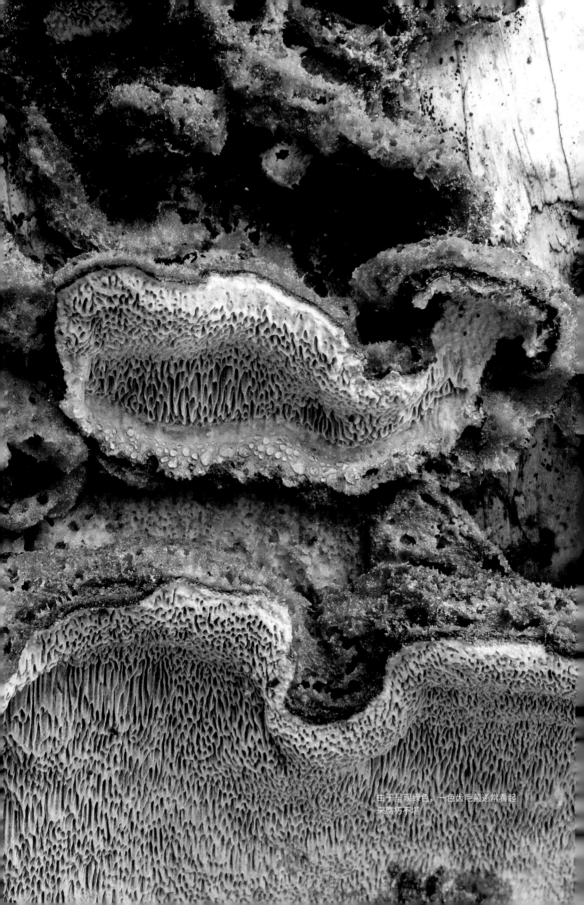

由于呈现绿色，一色齿毛菌通常看起
来腐朽不堪

Hesperomyces virescens

虫囊菌

动物共生体

- 子囊菌门 Ascomycota
- 虫囊菌目 Laboulbeniales
- 虫囊菌科 Laboulbeniaceae

栖息地｜森林和城市

有一类真菌你可能从未听过，它们是最奇怪的真菌类群之一——虫囊菌目。关于这些微小的子囊菌的一切都很不寻常，其下包含了 142 属共 2200 多个种，是寄生于节肢动物的真菌中最大的类群。它们通常与特定物种形成共生关系：在已知的昆虫宿主中，大多数虫囊菌都寄生于捕食性甲虫上，如步甲科（Carabidae）和隐翅虫科（Staphylinidae）；此外也有一些其他类群的动物，如螨虫和千足虫。

在这些共生关系中，真菌大多都是外寄生的，它们通过一个非常薄且几乎看不出来的吸器穿透宿主的外骨骼，不会或几乎不会对宿主造成损害。

这类真菌非常普遍，且分布广泛，但因不起眼，所以直到 19 世纪中期才被发现。真菌学家莫迪凯·丘比特·库克（Mordecai Cubitt Cooke）将这些真菌称为"Beetle Hangers"。这些真菌出现在无数昆虫标本上，被忽视了几个世纪。即便曾经有人注意到，可能也会把它们误认为是昆虫自身长出来的毛或附肢。海因里希·安东·德巴里可能是第一个报道它们是真菌的人，而哈佛大学教授罗兰·撒克斯特（Roland Thaxter）毕生都在研究这些真菌，共描述了 103 个属内的 1260 个物种。

直到今天，人们仍在不断发现新物种，而且往往是在几十年前或几百年前的标本上发现的。2020 年，丹麦哥本哈根大学自然历史博物馆的生物学家、副教授安娜·索菲娅·雷博莱拉（Ana Sofia Reboleira）在推特上看到网友分享的北美洲千足虫的照片，她发现这些千足虫看起来不太对劲，所以便与同事将照片与博物馆中保存的标本进行了比较。果不其然，他们发现了一种新的虫囊菌——这是首次在美国的千足虫上发现虫囊菌，而由于事件的起因源于推特，所以他们将其命名为 *Troglomyces twitteri*。

仔细看看

经过仔细检查，昆虫的外骨骼上细小的看似毛发或附肢的结构其实是虫囊菌的菌体。每个菌体都会产生孢子，这些孢子通常在交配期间被传播到昆虫宿主上。

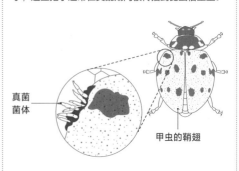

真菌菌体

甲虫的鞘翅

异色瓢虫（*Harmonia axyridis*）无意中
成了一大群虫囊菌的宿主。这种甲虫
原产于亚洲，现在被引到世界各地，
用来防治蚜虫和许多其他害虫

· 真菌 ·

Termitomyces titanicus
巨大蚁巢伞
动物共生体

- 担子菌门　Basidiomycota
- 蘑菇目　Agaricales
- 离褶伞科　Lyophyllaceae

栖息地｜森林

菌如其名，巨大蚁巢伞是已知最大的蘑菇。这种有褶的庞然大物的柄长可达几英尺，菌盖直径可达 3 英尺（约 1 米）以上，是一种真正的巨型真菌。不过，比起大小，这种珍贵的可食用真菌的生命周期更值得关注。蚁巢伞属物种原产于非洲和东南亚地区，是白蚁的专性生物营养体，白蚁在其地下巢穴中"种植"它们。

巨大蚁巢伞的生活方式与新大陆的切叶蚁及其近亲培育的白鬼伞属真菌非常相似，以惊人的方式向我们展示了趋同进化。

虽然所有白蚁都吃植物物质，但大多数白蚁都能够依靠肠道内的微生物来消化纤维素。然而，大白蚁亚科（Macrotermitinae）的物种肠道中已经没有微生物，它们完全依赖蚁巢伞属

真菌将植物纤维素转化为自己可吸收的营养。白蚁食用新鲜的植物物质，这些物质穿过它们的肠道后，在迷宫般的巢穴深处成为真菌的基质。不同白蚁摄取真菌菌丝的目的并不相同：一些物种只是将菌丝（和无性孢子）当作食物；其他物种则是利用这些菌丝中的酶来帮助消化其他纤维素。

并非所有蚁巢伞属物种都能产生子实体，但那些会产生子实体的物种最开始都会先向着地表长出长长的"根状"柄。菌盖最初很硬，尖尖的，有一个硬化的顶部隆起（盖顶部的突起），这使得子实体能够穿透白蚁巢壁和紧实的土壤，然后钻出地面，最终成长为真正的"巨人"。

巨大的蘑菇
这个物种的子实体可以长到惊人的大小。

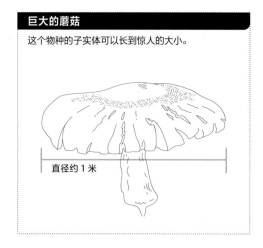

直径约 1 米

>> 好消息是，巨大蚁巢伞在许多地方都是受欢迎的食用菌。这张照片拍摄于赞比亚

Bryoria tortuosa & Bryoria fremontii
扭曲小孢发和马鬃小孢发

躲在明处

- 子囊菌门　Ascomycota
- 茶渍目　Lecanorales
- 梅衣科　Parmeliaceae

栖息地 | 森林

地衣无处不在，但大多数人很少注意到它们。岩石或树皮上看起来像是变色的部分，或是树枝上卷曲的生长物，实际上都是令人着迷的地衣，它们可以随心所欲地干自己的事儿。不过，你所看到的其实大部分是真菌组织，真菌与光合作用生物形成共生关系，虽然是共生光合生物负责合成碳水化合物，但"发号施令"的实际上是真菌。

人们认识地衣已经有一个多世纪了，但事实证明，我们自认为的对地衣的了解可能都是错的。长期以来，研究人员一直都很困惑：他们在实验室里把相关的真菌和共生光合生物放在一起培养，但几乎不能让它们长成地衣。此外，遗传学也并不能解释所有地衣物种之间的差异。比如，子囊菌地衣中的扭曲小孢发和马鬃小孢发，前者能产生致命的真菌毒素——枕酸甲酯（vulpinic acid，也有人称其为狐衣酸），后者长期以来一直被用作食物，虽然它们的习性和外观有明显区别，但研究结果表明它们是由同一种真菌和同一种藻类组成的。那么，它们为什么会成为不同的物种呢？

这是托比·斯普里比尔（Toby Spribille）在 2011 年开始研究的问题。最初，斯普里比尔将这两个物种与已知的子囊菌基因序列（公认的地衣共生菌类群）进行比较，但没有发现两种地衣之间的任何差异，于是他扩大了搜索范围，对比了所有已知真菌基因的遗传序列。最终，他找到了匹配的真菌——但不是子囊菌，而是担子菌。一种担子菌酵母隐藏在地衣中，似乎是将子囊菌和共生光合生物结合在一起的关键，而此前科学界对此一无所知。几个世纪以来，这种不起眼的真菌一直隐藏在人们的视线中，只有借助对担子菌细胞具有特异性的荧光染料，才能在地衣组织中看到它。相关的研究仍在进行之中，但现在已经发现了更多地衣物种中也"窝藏"着第三个伙伴——非常特殊的酵母菌。

➤➤　小孢发属地衣通常看起来像是树上长出的毛发

Porodaedalea pini

松孔迷孔菌

栖息地创造者

....

- 担子菌门　Basidiomycota
- 刺革菌目　Hymenochaetales
- 刺革菌科　Hymenochaetaceae

栖息地｜森林

作为红环腐病的病因，松孔迷孔菌是北半球针叶树最重要的真菌病原体，被感染的树木即使没有死亡，也无法用于商业采伐，这些心材腐烂的受感染木材一旦使用于休闲或公共区域，将会十分危险。不过，这种真菌同时也有益于生态系统中的许多其他生物群。

真菌，尤其是那些能腐烂木头的真菌，是许多不同种类的动物的栖息地改良器，而由内而外腐烂的树木则是无数节肢动物以及以树洞为巢的鸟类和哺乳动物的重要栖息地。

对于在树干或树枝上打洞的鸟类，木腐菌是一种重要的共生体。在北美洲，真菌与濒危的红顶啄木鸟之间的关系特别有趣：红顶啄木鸟是唯一专门挖掘松树心材的鸟类，而这一过程可能需要数年时间；但如果是被迷孔菌侵染的树木，挖洞的时间就大大减少了。正因如此，啄木鸟会直接"采集"真菌，将其从一棵树带到另一棵树，边走边接种。而且它们随后挖掘巢洞的位置也不是随机的：长在宿主树一侧的多孔菌为其标志了真菌定植最活跃也是树木最柔软的位置，所以啄木鸟会直接从真菌子实体的下方开挖。

红顶啄木鸟是美国南部地区敏感的长叶松生态系统中的关键物种，该生态系统易受火灾影响。为了保护自身免受火灾和病原体的影响，这种树有多种适应性，比如产生大量树脂（比大多数松树多）。红顶啄木鸟会维护树脂的通道，以防止像蛇这样的捕食者进入其巢穴。

>> 松孔迷孔菌的子实体

Gyrodon merulioides

褶孔短孢牛肝菌

奇怪的共生关系

- 担子菌门　Basidiomycota
- 牛肝菌目　Boletales
- 桩菇科　Paxillaceae

栖息地 | 森林和城市

梣属（*Fraxinus*）下有许多分布于北美洲、欧洲和亚洲的物种。美国白梣（*Fraxinus americana*）广泛分布于北美洲东部的大部分地区，那里有一种非常奇怪的蘑菇——褶孔短孢牛肝菌。这种牛肝菌在草坪和公园都很常见，因为它不会远离宿主树，只不过一般没人会对它感兴趣。但是，如果你看到地面之下牛肝菌是如何附着在树根上的，那就变得非常有趣了。

尽管这种真菌长期以来被认为是一种牛肝菌，但因人们对牛肝菌的系统发育尚不明确，因此这类真菌的分类在不同的类群中徘徊。关于这种真菌，唯一可以确定的是，它是菌根真菌，就像所有牛肝菌一样——但事实证明，这依然不对！

经过仔细观察，这种蘑菇实际上是蚜虫的共生体，而这种蚜虫寄生在树根上。这种真菌会在昆虫周围生长，通过在宿主树的根部形成深黑色的虫瘿，为蚜虫提供一些保护。没错，蚜虫在菌丝形成的虫瘿内，以树为食，而真菌似乎从昆虫那里获得了所需的营养。

不幸的是，由于白蜡窄吉丁（*Agrilus planipennis*）的影响，北美洲一些地区的梣树种群正在衰退，而神奇的褶孔短孢牛肝菌也在减少。在美国，白蜡窄吉丁是一种入侵物种，2002 年首次发现于密歇根州的底特律。成虫呈虹彩绿色，大约米粒大小，以树叶为食，在树皮上产卵。孵化的幼虫会钻透树皮进入负责运输水分和养分的韧皮部组织内，最终导致树木死亡。迄今为止，这种微小的吉丁虫已经导致美国至少 35 个州数以千万计的树木死亡，其中大部分在美国东部和中部，此外，它们也在加拿大的南部地区肆虐。2017 年，世界自然保护联盟（简称 IUCN）宣布，这种小型甲虫已经导致北美洲的 6 种梣树种群处于濒危或极危状态。

>>　褶孔短孢牛肝菌的一切似乎都很不寻常。从上面看，它看起来跟其他牛肝菌一样，但从底部看，它的子实层呈怪异的皱孔状或脉状

FUNGI & HUMANS
真菌与人类

不断变化的星球

地球的自然界面临着各种威胁：气候变化、栖息地丧失、物种入侵、生物多样性减少等，而这只是其中的一小部分。这些威胁不仅影响地球的健康，也影响地球上包括人类在内的所有生命。在本章中，我们将详述这些问题，并探讨真菌是如何拯救我们的。

近年来，人们对自然界的兴趣，特别是对寻觅野生蘑菇的兴趣急剧上升。这是件好事，有助于唤起人们对自然界重要性的关注，但也揭示了自然界正受到来自各方面的压力，有原来就有的，也有新的。如果要说局

越来越多的人来到户外寻找野生蘑菇，用于教学、摄影或烹饪。在世界各地，这样的人急剧增加

部地区自然区域受到的压力，我首先想到的是它们正被人们"爱到要死"：随着越来越多的人走向户外，不管是到树林中徒步、觅食，还是为了摆脱城市的喧嚣，这些活动都会对野生环境产生影响。

而对于全球气候变化给自然界带来的影响，人们已经研究了数十年。我们知道，生物的宜居地理范围正在发生变化：一些地方变得更加炎热或更加湿润／更加干燥，而一些曾经过于湿润／过于干燥或过于寒冷的地方现在则变得更适合生物栖息。这也将导致一些物种失去有利的栖息地，并走向灭绝。

不断变化的气候也引起了人们对不同事物的关注，而社交媒体的兴起能帮助我们实时了解全球不同方面的变化。我们已经看到，许多植物的开花时间变得越来越早，有些植物在一个生长季内开两次花。尽管真菌在一年中大多时候都很隐蔽，比植物更难观察，但它们似乎也有着与植物相同的变化，一些真菌物种更早形成子实体，而有些物种一年形成两次子实体。

碳危机

问题出自碳——更准确地说，是二氧化碳。全球气候变暖已经持续了很长时间，而人类通过燃烧化石燃料，向大气中排放了大量的碳废料，从而大大加快了气候变暖的速度。现在大气中二氧化碳的浓度已经达到了0.0416%，比以往数百万年来的二氧化碳浓度都高，而且其浓度上升的速度可能也比以

往任何时候都快。

然而，一场正面对抗全球气候变化的运动正在进行，其中最强大的"武器"之一可能就是真菌。如前文所提到的，人们对丛枝状菌根真菌知之甚少，唯一知道的是，它们遍布全球，似乎与大多数植物都形成了共生关系，其中就包括与人类息息相关的大多数重要作物。

如今，科学家们得出结论，在提高作物产量的同时，采取农业措施增加对土壤有益的真菌，能有效降低环境中二氧化碳的浓度。丛枝菌根真菌通过产生能够吸收营养和水分的巨大菌丝网络，显著增加了植物的有效根系。这些菌丝极大地增加了植物的根际（影响周围土壤的面积），直接从土壤中吸收有机营养，增加了健康和压力环境中的初级生产量（及碳积累）。

这些真菌也是重要的土壤生产者，它们与相关的土壤微生物一起，共同产生一种被称为"球囊霉素"的黏性蛋白质。你可以把球囊霉素看作一种有机"胶水"，它可以创建一种稳定的土壤结构，使空气、水和根系能够轻松地渗透。如果土壤没有良好的结构，很容易就会失水（或者饱和），并容易受到侵蚀。

球囊霉素还可以催化土壤中的碳固存和碳储存。一个球囊霉素分子中碳含量多达30%～40%，意味着这种糖蛋白可能含有世

↙ 从北美洲不同地区采集的土壤样本。不同的成分赋予了土壤不同的颜色

↠ 球囊霉素从土壤中提取

⌄ 从这张玉米根的显微镜照片可以看到丛枝菌根真菌。圆形的结构是纤细菌丝之间的孢子。根据特有的绿色抗体染色，可以看出球囊霉素如同外套一般将一切包裹其中

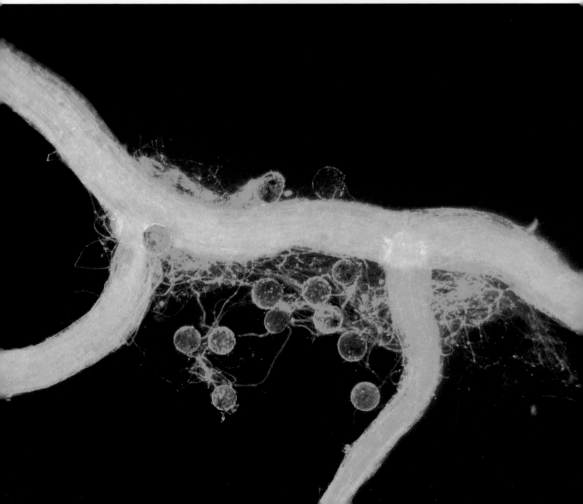

<< 富含有机物与真菌的健康土壤

>> 鸟瞰农田

界土壤中碳总量的三分之一，比所有植物体内和大气中碳的总和还要多。因此，丛枝菌根真菌可能在应对全球气候变化中发挥着关键性作用，而这一发现导致人们重新审视已有的气候变化模型。考虑到菌根真菌的活动对土壤中的碳库影响巨大，气候变化模型迅速地将菌根真菌、球囊霉素和土壤碳储量的新数据纳入全球变暖率的预测中。

通常情况下，球囊霉素可以在未受干扰的土壤中存在数十年，但在经过大量耕作的土壤中，球囊霉素及其相关的菌根真菌都会明显减少。杀虫剂、化肥的使用，以及土壤的压实、有机物流失和侵蚀等都会减少或清除土壤中菌根的活动。如果没有菌根的"黏合力"，土壤结构就会恶化，使有益的微生物种群减少，并向大气中释放二氧化碳。由于土

壤的大部分食物网被破坏，耕种者不得不使用更多的肥料，从而使耕种陷入恶性循环。

对商业种植者、房主及园丁来说，要打破这种恶性循环还需要更多有利于菌根真菌的良性实践。使用传统有机种植方式的土壤中菌根真菌会更多，种植者都可以运用这一方法促进菌根真菌的生长。比如，越冬时的覆盖作物能为菌根真菌的活动提供能源；通过与豆科植物（如车轴草、苜蓿、豌豆和其他豆类）轮作，可以将氮固定回土壤中。传统有机种植方式也较少使用化学制品，为菌根真菌和相关微生物的传播以及球囊霉素的生产提供了更有利的环境。

火中的世界

大量证据表明，随着海洋变暖，许多

沿海地区的空气湿度会急剧增加，洪水泛滥（极地冰融化导致海平面上升）以及风暴频率增加、强度增强的现象也会发生。与此同时，内陆地区将变得更加炎热和干燥，而这也将导致更频繁的野火。这些严酷的科学预测已经得到证实：对北美洲来说，2020 年是有史以来灾难最严重的一年；同年，格陵兰岛和北极圈以北的地区发生了前所未有的野火；整个澳大利亚几乎都处于火灾中；巴西也因火灾损失了约 11 000 平方千米土地——面积相当于美国的康涅狄格州；不到一年后，大火吞噬了南美洲巴塔哥尼亚的大部分地区。

全球各地的野火不仅给人们的生命和财产造成了巨大损失，还对物种和生态系统造成了持久的破坏。仅在 2020 年，美国的加利福尼亚州、俄勒冈州和华盛顿州发生的火灾覆盖了约 20 000 平方千米的土地，造成至少 35 人死亡。澳大利亚的野火造成的破坏更为严重：从 2019 年 9 月到 2020 年 3 月（为该地夏季的火灾季节），超过 110 000 平方千米的森林被烧毁，使澳大利亚森林总覆盖面积减少了 20%，甚至连防火的雨林和湿地也被烧焦了！

栖息地的丧失不仅威胁到种群数量较少或分布范围有限的物种（甚至可能导致一些物种灭绝），而且如果被烧毁的森林无法恢复，也可能导致永久性的生态变化。澳大利

亚政府的一份报告估计，在 2019—2020 年的火灾季节，有 114 种受威胁的动植物物种失去了 50% ~ 80% 的栖息地，而 327 种物种的栖息地被烧毁超过 10% 的面积。因此，科学家们要求澳大利亚政府扩大濒危物种名单：至少有 41 种在火灾前没有受到威胁的脊椎动物现在面临着生存威胁，以前被列为受威胁的另外 21 种动物现在可能需要更好的保护。

另一方面，有的生态系统长期以来都很容易发生火灾，而且有些生物需要经历火灾才能茁壮成长。火灾还可以消灭生态系统中原本不应该存在的入侵物种。但是在人类最近的历史中，广泛而频繁的火灾造成的完全是负面影响。北美洲的一些生态系统在经历了频繁或严重的火灾后并没有恢复，在许多

地方，植被的丧失导致了新的入侵物种迁入：比如内华达山脉东部大盆地的蒿属灌木生态系统，以及加利福尼亚州与俄勒冈州边界的克拉马斯山的森林，入侵的灌木或草本植物似乎已经完全占据了主导地位。

真菌不仅是健康森林中重要的组成部分，也可以在森林火灾后的恢复中发挥关键作用。在美国西北太平洋地区的大约 430 种子囊菌中，有 100 多种需要森林大火才能形成子实体，其中许多子实体非常小，很容易被忽视。有一些更大的担子菌，似乎也是在火灾后才能形成子实体，包括鳞伞属（*Pholiota*）、小脆柄菇属（*Psathyrella*）、丝盖伞属（*Inocybe*）、口蘑属（*Tricholoma*）、杯伞属（*Clitocybe*）等。

森林斑块性

要解决影响范围和破坏性都越来越大的野火问题，没有简单的方法，但有一点是明确的：我们必须让森林恢复更自然的生命状态和死亡方式。如果要用一个词定义天然森林，那就是"斑块性"（mosaic）。不论是从地面还是从空中，你都能看出森林冠层和地面覆盖物的斑块性：它是由老树和幼树、烧毁和未烧毁的区域以及土壤中不同含量的碳固存所组成的。到目前为止，许多森林都是按照最大限度地提高木材产量来进行管理的，因此森林中的空地、小面积的烧毁区域和过度成熟的树木都被视为"低效区"。对商业化的林业工作者来说，一片巨大的、未被破坏的、树龄差不多的树林才是更好的。不过，当这些非自然的森林发生火灾（最终一定会发生）时，其结果会是一场非自然的大规模的破坏性火灾。

❯ 鸟瞰健康的森林，不仅树龄不同，排列的间隙也不同

∧　高原鳞伞是火灾后的先锋物种

除了南极大陆，嗜热（"喜火"）真菌在地球其他大陆都能找到，它们有时被称为"凤凰真菌"（因为它们能够像传说中的凤凰一样浴火重生）。大多数嗜热真菌都鲜为人知，但随着它们受到的关注越来越多，人们发现了其对健康森林所起的重要作用。其中研究最多、最为重要的是炭地杯菌（*Geopyxis carbonaria*），它是大多数针叶林的菌根共生体。大多数时候你都不太可能看到它，但是在野火之后的春季，它会是第一批覆盖火灾区域的蘑菇。地杯菌属真菌被视为下一种火灾后蘑菇——山火羊肚菌（Burn Morel 或 Fire Morel）出现的征兆。羊肚菌

非常受人们的喜爱，因此在嗜热真菌中很有名。在羊肚菌之后，高原鳞伞（*Pholiota highlandensis*）通常是灾后现场出现的第一种带褶的蘑菇。与大多数鳞伞属真菌不同，高原鳞伞在森林中通常是作为植物的内生菌生活，只有在毁灭性的火灾后才会长出子实体。

灭绝的边缘

生物学家的共识是，人类正在迅速破坏地球的生命支持系统，这使我们的未来变得不确定。生态系统是由复杂的生物群构成的

生命景观，调节着大气、水和土壤，是人类
食物、药物和许多其他必需品的来源。但是，
地球生态系统的多样化和复杂性如今都在减
少，随着生物物种的消失，生态系统也将变
得分崩离析。

2020 年，联合国生物多样性峰会得出结
论，在预估的 850 万种植物、动物及其他生
物中，约有 100 万种濒临灭绝，50 年前还存
在的生物如今有一半已经灭绝。而且生物多
样性丧失的速度似乎正在加快。在过去的 25
年里，大约四分之一的热带森林已经消失，
同时消失的还包括构成热带森林生态系统且
生活在其中的物种。我们无法得知有多少物
种已经灭绝，因为我们在这些栖息地发现的

物种可能还不到预估的 10%。因此，大多数
消失的物种可能将永远不为人知。

而造成物种灭绝的主要原因是栖息地的
丧失、人类的过度开发和全球的气候变化，
除非我们能够控制这些（和其他潜在的）因
素，否则我们可能将失去世界上 80% 以上的
物种。这一比例与 6600 万年前恐龙灭绝以
及今天我们所知的许多动植物开始演化时的
比例相似。正因如此，大多数科学家都认为
地球正在经历第六次物种大灭绝。

虽然许多国家都有濒危物种的"红色名
录"（这意味着栖息地的情况非常糟糕），
但其中大多数都不包括真菌（包括我所在的
美国）。关键在于，真菌是个谜。与大象、

↖ 鸟瞰土耳其卡兹山脉的金矿和被砍伐的森林

↑ 图为澳大利亚南部阿德莱德山高山岭植物园内的毒蝇伞。受保护的植物园是这些真菌的美丽天堂，也是袋鼠、针鼹、多种鸟类和植物的家园

↠ 香港拥挤的居住环境

鲸鱼或其他大型哺乳动物不同，人们很难确定真菌是真的很罕见，还是因为很少长成子实体而变得"罕见"。以卷须猴头菌（Hericium cirrhatum）为例，这种担子菌在树上以腐生菌的形式生活，但很少有人见到，因此被认为是濒危物种——它被列入欧洲的"红色名录"中。但是最近，研究人员在对木腐菌的研究中，通过对多种来源的木质样本进行分子技术检测，发现卷须猴头菌几乎随处可见，它只是不常产生子实体。也就是说，卷须猴头菌的菌丝体在欧洲的森林中很常见，只有

在极少数的情况下，它会从树上探出带刺的子实体。没有人知道这种真菌（的子实体）为什么如此罕见，以前甚至没有人知道它在那里。因此，要查清真菌的生物多样性，我们还有很长的路要走，有太多真菌仍然隐藏着——只是偶尔出现在人前。

但有一点很明确，生物多样性的丧失给地球造成了严重的压力，亟待解决。前进的道路是明确的。我们必须遏制过度开发和栖息地丧失，并继续或加快正在进行的对地球生物多样性的调查。对于正在衰退的物种，我们必须尽最大努力找出原因并扭转局面。在许多情况下，解决的方案可能并不简单，正如生物衰退的原因可能很复杂一样。但问题再复杂，也不一定是无法解决的。

≫　在对许多森林的快速调查中，发现了各种各样的蘑菇、地衣和苔藓

⌄　稀有，还是罕见？卷须猴头菌是一种美丽而神秘的真菌

房前屋后的真菌

尽管人们利用最好的技术生产大量化学制品并使用它们，但据估计，包括真菌在内的有害生物仍然消耗了地球上 50% 以上的粮食。但这些所谓的有害生物真的是我们的敌人吗？

>> 新鲜的水果往往还没到我们口中就已经被吃掉了。虽然看不到，但真菌的孢子就在我们周围的空气中。它们定居的任何场所都可能成为其营养来源

<< 废弃的房子很快就破败了：真菌会加快腐败的速度

在到达人们的餐桌之前，全球粮食的产量就损失了一半（包括耕种时、收获后和储藏中的损失），这确实是一个令人震惊的数字。但是在提及如何对抗真菌时，答案似乎很简单：真菌需要水分才能茁壮成长，所以保存食物（以及我们的衣服、房屋和家具）时只需要保持环境的绝对干燥。

不过，要做到这一点并非易事。只要环境中存在水分，真菌几乎可以将任何物体转化为食物来源，包括由纤维素（棉质衣物、书籍、地毯等）、木头、皮革或任何其他天然材料制成的物品。如果不加提防，真菌会攻击并破坏一切——博物馆珍贵的藏品、古董和资料，都有损坏的风险。在室温下，水

果和晚餐残留物很快就会腐烂，低温虽然能减缓这一过程，但并不能完全阻止真菌（或其他微生物）：即使把食物放在冰箱里，它们也在慢慢地腐烂。事实上，真菌最终会分解或破坏你现在视线范围内的几乎所有东西，如果有机会的话，许多真菌甚至会在你家房屋的建造材料上生长。

有益的真菌

尽管真菌具有破坏性，但科学家们已经找到了将其中一些真菌转变为对我们有益的方法。例如，工业上，人们会利用里氏木霉（*Trichoderma reesei*）生产纤维素酶。

工业生产上使用的这种真菌的所有菌株

都来自第二次世界大战期间在所罗门群岛采集的单一菌株。当时，这种真菌给美国军队造成了严重的影响：它摧毁了驻扎在潮湿丛林中的士兵所使用的帆布帐篷。

讽刺的是，当时的美国军队试图找到抵御这种真菌的办法，如今现代的棉布纺织制造商却将里氏木霉视为盟友。这种真菌被培育在巨大的容器中，以获取其分泌的纤维素酶，其中大部分酶都流向了牛仔布制造商，用来做出时尚的"石洗"牛仔布（使用石头或浮石都能做出有轻微磨损或软化的牛仔布，但纤维素酶也能做出类似的效果且成本更低）。纤维素酶还被广泛应用于洗涤剂、纺织品、纸浆加工、食品和牲畜饲料等。

最近人们发现了一种可能，那就是利用从真菌中提取的酶来帮助生产生物燃料，进而解决人类对化石燃料的依赖。目前，大多数乙醇都来自植物果实（主要是谷物）中的糖的发酵，但包括草和树在内的植物本身可能是一个储量更大的来源。而要分解所有植物纤维素并将其转化为可发酵的糖，正是真菌纤维素酶（和里氏木霉）可以做到的。

这些应用背后的主要真菌是木霉属物种，木霉属是一个世界范围的庞大的属，

牛仔布制造商使用里氏木霉来达到石洗效果

在透射电子显微镜下看到的里氏木霉的细胞内部

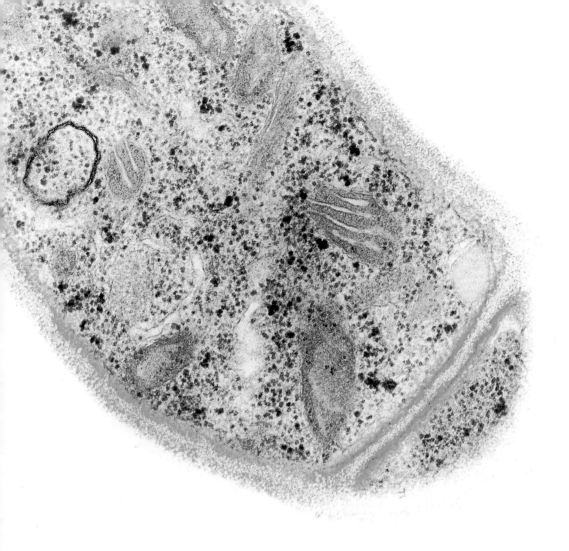

通常生长最快、最具优势的土壤真菌都来自这个属。有许多物种是植物和其他真菌的病原体，还是蘑菇场常见的"污染物"——从市场买回来的新鲜香菇上，你可能就看到过绿色的霉菌。

而矛盾的是，一些木霉物种附生在植物表面，还会抑制其他不好的真菌生长，这种行为是有益于宿主的。与释放瓢虫来控制昆虫病害的做法类似，种植者可以将商业制

生物燃料

与此同时，印度的研究人员已经证实，罗伯茨绿僵菌能够产生大量脂肪酶，分解脂肪和脂质。这在低成本生产生物燃料方面有潜在的应用。谁知道呢，也许真菌会在未来几年使生物燃料成为一种现实的燃料选择。

备的这些好的真菌的混合物用作病原体的"生物防治剂"。例如,哈茨木霉(*Trichoderma harzianum*)被用于农田中,以抵御其他真菌,而罗伯茨绿僵菌(近亲)被用于商业制剂,以防治家庭和花园中许多不同种类的昆虫,包括蚂蚁、白蚁和蓟马。蝗绿僵菌(*Metarhizium acridum*)是另一种"生物杀虫剂",用于农田杀虫,尤其针对澳大利亚的蝗灾,当地人将这种产品称为"绿色肌肉"和"绿色盾牌"。用于控制作物害虫的最有趣的土壤真菌可能要数节丛孢属

(*Arthrobotrys*)的物种,它们以精心制作网和陷阱来捕获线虫而闻名(详见第230页)。

森林管理者还依赖有益的拮抗真菌来对付多年异担子菌。多年异担子菌是一种广泛而严重的心材腐朽真菌,如果不加以控制,它可以通过树根从砍伐后的树桩传播到健康的树上。但是,只要把腐生菌大拟射脉菌(*Phlebiopsis gigantea*)制成的孢子悬浮液喷洒到刚砍伐的树桩上,就可以抑制病原体定植。

↱ 培养基中的哈茨木霉

⌃ 培养基中的大拟射脉菌

≫ 罗伯茨绿僵菌正在进行商业化开发，用于许多害虫的生物防治，比如图中这只臭蝽

不受欢迎的真菌

气候变暖无疑会给许多生物带来灾难，但对一些生物来说却是福音。当环境处于长期的动态平衡时，这些生物可能只是勉强维生，但当气候发生剧变时，它们却会蓬勃发展。

许多入侵物种似乎受益于变暖的环境。最近的研究表明，一些入侵物种不仅能够完成其生命周期，而且能够更快进入性成熟阶段并开始繁殖；还有一些物种由于整体适应能力提高（通过繁殖个体的平均大小、存活并繁殖的个体的比例增加以及繁殖比例的增加来衡量），其种群的增长也加快了。

但是在谈到入侵物种时，大多数人可能都不会想到真菌。通常都是更大、更明显的生物成为"头条新闻"，比如美国西海岸的金环胡蜂（*Vespa mandarinia*，也被称为"杀人蜂"），美国中西部的亚洲鲤鱼（包括草鱼、鳙鱼、青鱼、鲢鱼），南美洲巴勃罗·埃斯科巴尔（Pablo Escobar，拥有一座私人动物园）的河马。但其实，大多数有问题的入侵物种很有可能都是真菌，在前文中，我们已经看到一些新出现的真菌的案例：导致敏感的两栖动物和蝙蝠死亡；对农作物造成的毁灭性影响，并对世界粮食的安全产生威胁；此外，它们还能毁掉森林。这不仅是因为全球贸易导致适应性强的真菌孢子传播到新的栖息地，还因为自然环境被破坏，这些都为新兴真菌的演化创造了绝佳的温床。

甚至一些蘑菇品种也引起了关注——臭名昭著的"死亡帽"灰鹅膏似乎正在全球传播，并在世界各地制造被误食的头条新闻。另一种鹅膏属真菌——欧洲的毒蝇伞似乎也在扩散，它们与某些生长在林场和种植园的木材树种一起四处移动。令人担忧的是，这种蘑菇将在新的地方归化，并与其他当地菌根真菌竞争，而其对当地树木的影响则仍未知。同样的，在北美洲东部，金顶侧耳（*Pleurotus citrinopileatus*）开始在一些森林中归化和传播，但人们还不知道这会对当地物种产生什么影响。

入侵物种一旦在新环境中立足，就很难清除，这就是为什么要尽早对它们采取行动。但在一个世纪前，人们并不这么认为，我们显然也无法让许多甚至是大多数入侵物种回到过去。但是，向公众普及教育并让他们参与进来，至少有助于控制现有的有害生物，限制其传播。越来越多人意识到，自己所处的环境正受到外来入侵者的攻击，并开始积极地把当地公园和林地中的入侵者赶走，人们甚至还为此建立了组织和社群。

<< 可食用的金顶侧耳。这种美丽的真菌散布于北美洲的东部地区

Serpula lacrymans

伏果干腐菌

家庭破坏者

....

- 担子菌门　Basidiomycota
- 牛肝菌目　Boletales
- 干腐菌科　Serpulaceae

栖息地｜森林和城市

　　当谈到那些会对人类的房屋造成损失和破坏的灾难时，排名靠前的可能并不会有常见的霉菌。飓风、龙卷风、洪水和火灾都能成为头条新闻，但霉菌和其他真菌对建筑物造成的破坏却很少见诸报端。然而，霉菌对全世界木质建筑的威胁却是实实在在的。在所有木腐菌中，破坏性最强的是伏果干腐菌，它在美洲、欧洲和澳大利亚都造成了严重破坏。

　　自从人类开始使用木质建筑以来，这种"祸害"可能就一直伴随着人类——《圣经》中甚至都提到了干腐菌。随着人类在全球各地定居，这种真菌也随之传播且适应良好，它似乎从人类身上受益匪浅。

　　奇怪的是，人们不知道这种破坏房屋的"真凶"——伏果干腐菌——在自然界中是否也会造成破坏，也不知道为什么在野外很少见到它，这有可能是它无法与无数其他微生物很好地争夺枯木中的碳水化合物导致的。不过，它非常适应人类建造房屋使用的干燥的木材，尽管与名字中的"干腐"不太相符，但它可能会攻击从未被水破坏过的木材。与其他真菌一样，干

腐菌也需要水分，所以它拥有一项惊人的技能，利用菌素运输水分（以及氮和其他营养物质），而且通常可以进行远距离传输，甚至能穿过房屋的地基。于是，原本干燥的木材含水量增加，这有利于干腐菌定植。而作为真菌分解代谢和呼吸的产物，木材被分解后会产生额外的水分，这也进一步促进了真菌定植。

　　干腐菌可以出现在任何木材中，即使现代建筑中使用的合成材料越来越多，似乎也无法阻止它：这种真菌可以利用几种无机材料来满足其营养需求，包括从石膏、砖块和石头中获取钙离子和铁离子。

　　➤➤　干腐菌很漂亮，但破坏性极强，其在木质表面以渗出的形式出现。但凡这种真菌所经之处，木材会变得脆弱，并最终被完全破坏

Botrytis cinerea

灰葡萄孢

美味化学

....

- 子囊菌门　Ascomycota
- 柔膜菌目　Helotiales
- 核盘菌科　Sclerotiniaceae

栖息地｜葡萄园和城市

　　灰葡萄孢（俗称"贵腐菌"）是一种无处不在的能令食物腐败的霉菌，它可能比任何其他微生物都更能破坏冷藏的水果和蔬菜。如果有足够的时间，这种真菌可以且一定会破坏你家里的任何新鲜水果。当你外出度过愉快的周末后回家时，会发现你留在冰箱里的草莓都穿上了"毛皮大衣"，但它们可不是为了抵御寒冷，而是灰葡萄孢让它们腐烂了。

　　灰葡萄孢在屋外也很常见。对许多作物的种植者来说，它是一种严重的有害生物。但它并不总是具有破坏性的，在适当的条件下，某些葡萄品种在感染灰葡萄孢后会发生神奇的变化，它们不仅不会腐烂，甚至还能产出贵族们喜欢的葡萄酒。

　　那么真菌是如何施展魔力的呢？在感染过程中，真菌会刺穿葡萄的表皮，使水分逸出，从而使被感染的葡萄变得干瘪（同样，冷冻干瘪的葡萄也被用来制作冰酒）。失水后的葡萄糖度高、风味浓郁，而这些风味会被贵腐菌进一步转化。

　　最有名的"贵腐葡萄酒"产地是法国波尔多地区的苏玳，当地酿造贵腐酒已有数百年历史，而匈牙利和斯洛伐克的托卡伊葡萄酒也有近四个世纪的历史。苏玳葡萄酒酿造时需要用到两种真菌（普通酿酒酵母和贵腐菌），而托卡伊葡萄酒需要用到三种真菌：先是利用贵腐菌感染种植的葡萄，使其变成葡萄干；然后采摘葡萄，添加到新酿的干葡萄酒中，将混合物储存在地下酒窖的酒桶中发酵；在陈化过程中，葡萄酒的表面会出现第三种真菌——酒窖平脐疣孢，这是地下酒窖的壁上常见的黑色霉菌（详见第 79 页）。每种真菌都能为葡萄酒带来复杂的香气和味道，造就了不同葡萄酒独特的风味。

　　≫　近距离接触贵腐菌。很难相信这种家中常见的生物竟能酿造出如此美味的苏玳葡萄酒

Arthrobotrys dactyloides
指状节丛孢

农民的朋友

....

- 子囊菌门　Ascomycota
- 圆盘菌目　Orbiliales
- 圆盘菌科　Orbiliaceae

栖息地｜农田

真菌已经演化出各种各样奇怪的生活方式，但其中最有趣（也最可怕）的可能是捕食动物尤其是线虫的真菌。线虫是最大的无脊椎动物类群之一，有成千上万个命名物种。这些圆形蠕虫由于过于细小而几乎无人注意，但它们几乎无处不在，既有腐生生物，也有些是攻击农作物、导致牲畜疾病的病原体。

毫无疑问，这些大获成功的生物也会成为真菌的猎物。食线虫真菌存在于壶菌、接合菌、子囊菌和担子菌等类群中。真菌诱捕、杀死和摄入线虫的专门毒素和机制就像真菌本身一样，非常多样。其中一些真菌，如侧耳属的小白侧耳（即平菇），能产生带有毒素的短枝，一旦接触就能杀死猎物；还有一些真菌会产生分生孢子，当线虫经过时，孢子会被线虫吞食或黏附在线虫身上，当孢子萌发后，宿主体内很快就会被真菌菌丝填满；另外也有一些真菌会产生游动孢子，这些游动孢子通过捕捉线虫的化学信号追寻并附着在线虫的孔口附近。

人们研究得最多的食线虫真菌可能要数节丛孢属的指状节丛孢了。节丛孢属物种像大多数其他霉菌一样在土壤中生长菌丝，但它们在沿途都设置了线虫陷阱。一些节丛孢产生的菌丝会盘绕成圈，类似于涂了黏合剂的黏网；还有一些节丛孢的菌丝则形成环状，类似套索——当线虫试图穿过时，"套索"会迅速收缩，

牢牢套住毫无防备的猎物。指状节丛孢形成的收缩菌丝环由三个细胞组成，只要有线虫通过就会被触发（在实验室环境中，热量也被证明是触发因素）。一旦受到刺激，这三个细胞就会迅速膨胀，用力挤压线虫。在 24 ～ 36 个小时内，线虫的体内会完全充满菌丝，然后被真菌由内而外消化。

致命一击

土壤中一只毫无防备的线虫在植物根丝体和真菌菌丝间移动。死亡来得很快。

线虫

真菌菌丝

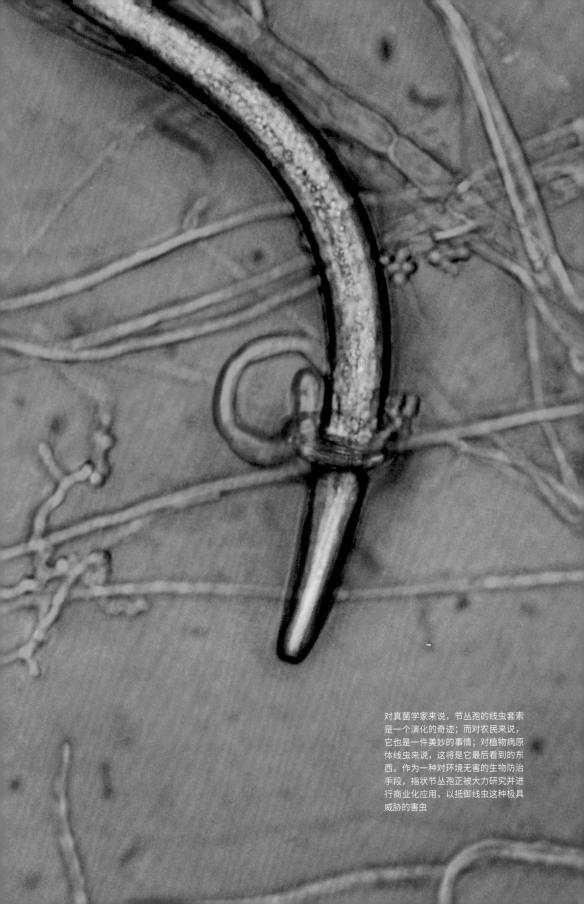

对真菌学家来说，节丛孢的线虫套索是一个演化的奇迹；而对农民来说，它也是一件美妙的事情；对植物病原体线虫来说，这将是它最后看到的东西。作为一种对环境无害的生物防治手段，指状节丛孢正被大力研究并进行商业化应用，以抵御线虫这种极具威胁的害虫

毒蝇伞

Amanita muscaria

入侵物种

- 担子菌门　Basidiomycota
- 蘑菇目　Agaricales
- 鹅膏科　Amanitaceae

栖息地｜森林和城市

　　毒蝇伞无疑是地球上最容易辨认的蘑菇。每当人们要用蘑菇的图案制作插图、明信片、卡通形象，甚至是表情符号时，都会描绘这种漂亮的红色蘑菇及其白色鳞片。这是一种大型蘑菇，菌盖的直径通常约 30 厘米，菌柄可能高 30 厘米或更高，基部呈鳞球状。

　　除了南极洲，所有大陆上都有毒蝇伞分布，尽管并非所有种群都完全相同。目前科学界认为，毒蝇伞有多个亚种（或变种）。人们对毒蝇伞最初的描述来自欧洲和亚洲的红色变种，但在北美洲西部有一种不同的红色变种，在北美洲东部则有一种黄色变种。但是，这些颜色也不是绝对的：红色变种可以是红色、橙色、黄色甚至奶油色，黄色变种也是如此，可以在色谱中游移。

　　科学家最近确定，毒蝇伞是一种强势的入侵物种，且正在世界各地传播。目前，澳大利亚、新西兰、阿根廷、巴西、智利和坦桑尼亚都发现了毒蝇伞。这种树木的菌根共生体似乎随着松树和桉树的种植品种四处移动，最近已传播到北美洲，在美国的阿拉斯加州、加利福尼亚州和马萨诸塞州都发现了这种真菌。

　　虽然这对木材业来说可能是一个好消息，因为这种蘑菇促进了种植园的树木在其原生范围之外的生长，但它似乎并不安于现状，而是在新的"家园"中转向了本土物种。在北美洲，毒蝇伞经常生长在当地的桦树林中，目前还不清楚这将对森林产生什么影响。许多人担心入侵的毒蝇伞可能会战胜本土的菌根真菌，而后者目前是健康生态系统的关键组成部分。

>> 典型的蘑菇——毒蝇伞

Lentinula edodes

香菇

驯化的蘑菇

....

- 担子菌门　Basidiomycota
- 蘑菇目　Agaricales
- 类脐菇科　Omphalotaceae

栖息地｜森林

几个世纪以来，世界各地的人在种植水果和蔬菜、饲养牲畜的同时，也会培育蘑菇。但近年来，在家中培育食用蘑菇的趋势已成为主流。利用草坪和其他纤维素废料、厨余残渣，甚至是旧报纸和废纸板等就能作为蘑菇的生长介质，这就不难理解为什么会出现这种趋势了，而且这非常符合可持续发展。

当然，作为树木和其他植物的菌根伙伴的蘑菇是不能栽培的，但在全球大部分地区的农田和林地中发现的许多腐生的野生蘑菇已经被成功驯化，包括紫丁香蘑、大球盖菇、蘑菇和小白侧耳。其他种类，如香菇和滑子蘑，（在美国）都曾是餐厅里奇特的异国蘑菇，现在在杂货店的货架上已经非常常见。即使你不喜欢吃蘑菇，也依然能从种植蘑菇的过程中获得很多乐趣，观察蘑菇非常有趣，拍摄起来也很漂亮（是延时摄影的好题材！）。而这些真菌总是在为你"工作"：把可能会被你送到垃圾场的废弃物变成肥沃的土壤。

蘑菇栽培已经非常流行，你可以找到许多"菌种"的来源，这是蘑菇栽培的起点（通常是培育了特定真菌的木屑或谷物）。现在大多数花卉和蔬菜都有专门的种子目录，不仅出售种子，还会附上种植说明，但培育蘑菇可容易多了。许多野生蘑菇都是非常有活力的腐生菌，你只需要收集它们的子实体以及一些基质，将其引入家中类似的基质中。堆肥堆、有覆盖物

的花坛、一捆稻草，甚至是新砍伐的原木，只要它们还没有被其他竞争性真菌定植，就能养活你从野外采集的蘑菇。不过，有一点一定要注意：在没有明确知道其种类的情况下，千万不要食用任何植物或蘑菇。许多野生植物和蘑菇都含有致命的毒素。

香菇栽培

长期以来，香菇都生长在栎树上，栎树是香菇的天然基质。如今在"合成"原木上栽培香菇已变得司空见惯。图中所示的"原木"最初是一袋接种了香菇的潮湿的阔叶树的锯末。几周后，菌类会渗透整个基质，消化基质并与之结合成一团固体物质。一旦从袋子中取出，原木就会"绽放"出漂亮、可口的香菇。

等待收获的成熟香菇。香菇的英文名
Shiitake来源于日语中的"shii"（栎
树）和"take"（蘑菇）

Pleurotus nebrodensis

白灵侧耳

濒危物种

· ·

- 担子菌门　Basidiomycota
- 蘑菇目　Agaricale
- 侧耳科　Pleurotaceae

栖息地｜森林

与地球上的所有生命一样，真菌也因栖息地丧失和其他压力而濒临灭绝。一些极度濒危的物种，如小白侧耳、白灵侧耳等，都已被列入红色名录，以便对其进行监测和保护。白灵侧耳被评估为极危物种，并被认为是西西里岛北部内布罗迪森林一小片区域的特有物种。

为什么这种蘑菇如此罕见？首先，西西里岛是一个岛屿，所以它的栖息地本来就不大，而且总是受到自然条件的限制。其次，与其他地方一样，由于农业的发展，这里的栖息地也变得越来越碎片化，进一步限制了真菌的生长。此外，这种真菌也因自身的成功而受害：由于味道鲜美、价格昂贵，所以即使受到保护，仍有人前赴后继地采摘它。

意大利科学家估计，现在每年只有不到250株白灵侧耳的子实体能够成熟并释放孢子，所以它被列入了红色名录。不过希望还是有的。近年来，意大利真菌学家吉安里克·瓦斯克斯（Gianrico Vasquez）在意大利内陆找到了这种真菌的种群，因此这种真菌似乎比人们以前所认为的更为广泛和常见。和其他许多真菌一样，它之所以很少被看到，不一定是因为它稀少，而是因为它不经常形成子实体。此外，聪明的蘑菇栽培者已经找到了在培养基中培育这种美味蘑菇的方法，你可能很快就能在市场上买到栽培的白灵侧耳了。

>> 尽管野生的白灵侧耳种群可能正在消亡，但如图所示，人们如今已经实现了白灵侧耳的人工栽培

FUNGI & THE FUTURE
真菌与未来

药用真菌与食用真菌

大多数真菌我们都看不到，但它们无处不在。无论是否意识到，其实你每天都会与它们"打交道"：可能是病原体、药物、食物或者其他形式的真菌。

不管你对真菌有什么感观，喜欢或是厌烦，我们都依赖于它们为我们提供的重要"服务"，生产出无数人类生活中的必需品。虽然有许多霉菌是无害的，但有些霉菌能产生毒性很大的真菌毒素，其中包括听起来令人不快的分解代谢产物，如展青霉素、赭曲霉毒素、呕吐毒素和单端孢霉烯族毒素。黄曲霉毒素是由真菌黄曲霉产生的次级代谢物，是一种自然产生的强致癌物，易感染玉米、花生和其他一些谷物，因此这些农产品都必须经过筛选，以确保不存在这种危险的霉菌。我们还没完全了解真菌为什么会分泌真菌毒素，但科学家推测，这可能是真菌抑制环境中其他微生物竞争者的一种方法，或

﹀ 曲霉属物种的分生孢子梗。曲霉是常见的真菌毒素来源之一

﹌ 曲霉属真菌可能有致病性，图中的肺活检显示感染了曲霉病

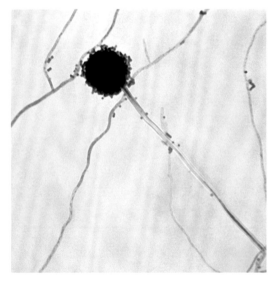

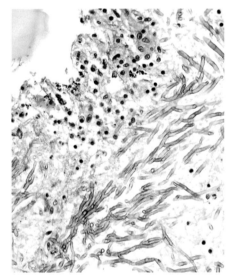

者是同类物种之间某种形式的化学信号，而这种信号恰好会引起其他生物的毒理反应。

但是，虽然这些真菌毒素会伤害我们，但真菌中的其他抗菌化合物已经被用来改善我们的健康，甚至挽救生命。麦角菌因导致麦角中毒而闻名（详见第 84 页），但它含有一种特殊的化合物，可引起血管收缩，因而被用于治疗血管性头痛的药物中。此外，麦角酸二乙胺及相关化合物长期以来一直被用于精神病治疗，这项研究在抑郁症和其他疾病的治疗中获得了很有价值的结果。

不过，最著名的抗生素可能要数青霉素了，它也是挽救了无数生命的抗生素，是一种由青霉属真菌分泌的化合物。青霉素的发现纯属偶然。这种真菌其实是一种污染物，本不应该出现在实验室里。1928 年，亚历山大·弗莱明（Alexander Fleming）发现在细菌的培养基中长了霉菌。作为一名微生物学家，他见过的污染可能都有 100 万次了，但这次的不太一样：霉菌的周围似乎有一个清晰的"光环"，细菌可以生长到那个区域，但某些物质阻止它们进一步靠近霉菌。弗莱明推断，这种真菌一定是向琼脂培养基中分

❯ 某种青霉属真菌的显微镜照片。跟曲霉一样，青霉也是导致食物变质的常见因素

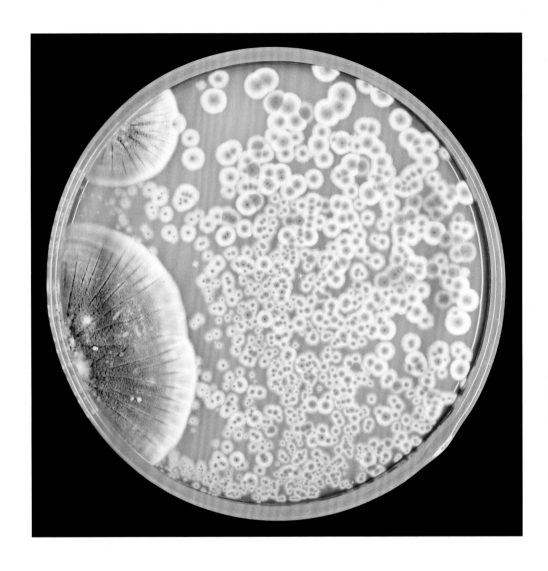

泌了某种物质，于是他寻找并分离出了这种
物质，并将其命名为青霉素。

　　但直到 1940 年，研究人员霍华德·弗
洛里（Howard Florey）和恩斯特·钱恩（Ernst
Chain）才"重新发现"了弗莱明的实验记录，
并创造出一种稳定的、能给病人口服的青霉
素。尽管有许多研究人员也都参与了这项人

ᐱ　在培养基中生长的青霉属物种。
这些无处不在的真菌可以在多种基质
上生长

ᐳᐳ　图为第二次世界大战期间生产的
青霉培养瓶和青霉素类药物小安瓿。
在抗生素问世之前，感染性疾病导致
的士兵死亡人数通常多于战斗的死亡
人数

类最伟大的发现之一，但只有弗莱明、钱恩和弗洛里共同获得了诺贝尔奖。

此后，人们发现了许多由真菌衍生的其他抗生素，包括头孢菌素和灰黄霉素，常见的还有半合成青霉素（如甲氧西林、氨苄西林、羧苄西林、阿莫西林等）。抗生素似乎以神奇的方式发挥着作用，因为它们是以细菌的生理途径为靶点，而动物体并不具备这种生理途径，所以往往不会对人类的细胞产生影响。但其惊人的效用也导致了过度使用，一些细菌产生了耐药性，因此这些药物已经对越来越多的病原体失去了作用。

食物中的真菌

除了药物之外，真菌还被用于制作各种发酵食品、饮料和调味品。只要有单糖，真菌就有可能将其发酵成酒精，这就是为什么果汁可以通过发酵制成果酒（进而可以蒸馏制成白兰地）。但与水果不同的是，谷物将糖以淀粉的形式储存在谷粒中。因此，谷粒在没发芽前是不能进行发酵的，而在发芽时会产生淀粉酶，从而将淀粉转化为糖，供幼苗使用。在酿造业中，可以在这个阶段终止谷物的发芽过程，将麦芽进行干燥并烘烤，就可以准备酿造了——啤酒正是由麦芽谷物发酵而成的。

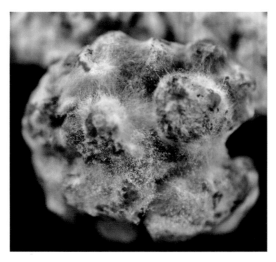

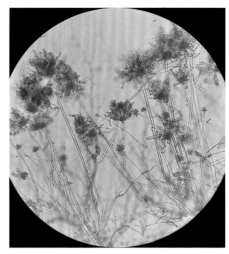

由于清酒是由大米制成的，所以也算是一种啤酒，但稍有不同的是，制作清酒时需要在煮熟的大米中添加两种真菌。第一种是米曲霉（*Aspergillus oryzae*），它能产生大量淀粉酶，将大米中的淀粉分解为可发酵的糖。第二种是酿酒酵母，用来发酵。米曲霉是亚洲美食的"主力军"，被用来制作酱油、醋和味噌，以及无数其他发酵豆酱和酱汁。

还有一种曲霉——黑曲霉（*Aspergillus niger*），被用来制造多种酶，比如 α 半乳糖苷酶，它有助于分解某些复合糖，是缓解胀气的膳食补充剂的一种成分。黑曲霉也可以用来制作果葡糖浆。在利用黑曲霉生产的产品中，最具经济价值的可能要数柠檬酸，这是许多食品和软饮料中常用的调味剂。虽然我们可以从柑橘类植物中提取柠檬酸，而且作为细胞呼吸的产物之一，所有生命体都能产生这种六碳糖，但培养大量真菌以利用其代谢的柠檬酸，成本更低，操作也更容易。在所有真菌中，黑曲霉是最高效的，在将廉价的碳水化合物（糖）转化为柠檬酸时，黑曲霉的转化率高达 95%（按重量计）。

工业中的真菌

在工业中，真菌可能是一把双刃剑。有些真菌可以分解塑料、石油和有毒化学废物等，但这些真菌可能有害，也可能有益，这取决于它们出现的时间、地点以及以什么为食。例如，当小白侧耳被用来清理泄漏的石

↖ 被米曲霉感染的胡桃。这种霉菌以生长在各种谷物和坚果上而闻名

↗ 某种曲霉的分生孢子梗，可以产生许多有用的化合物，用于食品生产和制药

↘ 黑曲霉在土壤中普遍存在，而且是一种常见的食品污染物（产生"黑霉"）

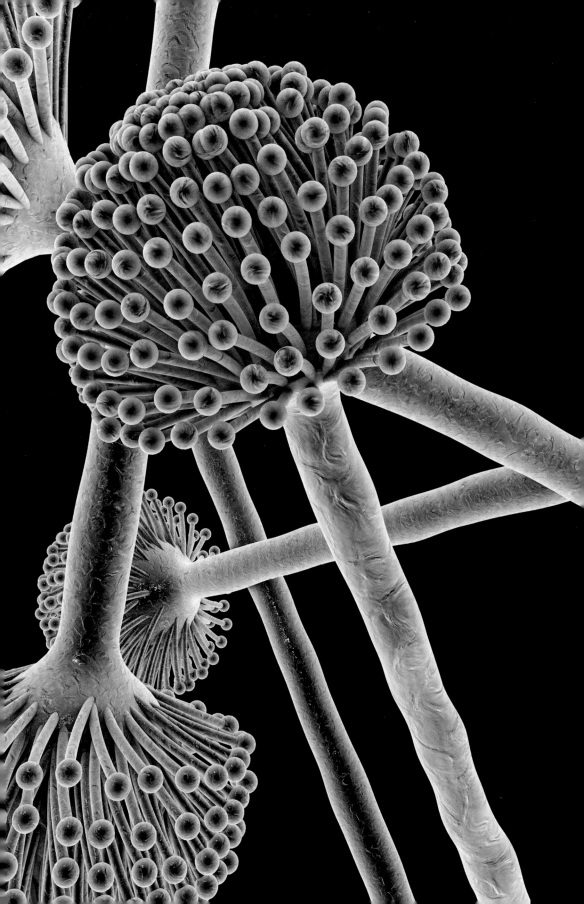

油时，会成为新闻中的正面代表，而俗称"煤油霉菌"（*Amorphotheca resinae*）的不定型孢属真菌则因分解各种碳氢化合物而成为负面代表。自然界中也能发现煤油霉菌，但它更常见于燃料（如喷气燃料、柴油、石油等你能想到的燃料）中，它会清除烷烃和水，破坏发动机。在用木馏油处理过的木材中也能找到煤油霉菌，还有被称为"火车肇事者"的洁丽新韧伞（*Neolentinus lepideus*）。不过，尽管人们经常在腐烂的木材（包括铁路枕木）上发现洁丽新韧伞，但并没有证据证实其引起了火车事故。

>> 洁丽新韧伞可以利用不适合大多数真菌的木质基质，包括经过防腐处理的木材，或是森林大火后残留的立木（如图所示）

∨ 这种粉红色的小白侧耳看起来像一束花，既漂亮又美味

致命真菌

　　数千年来，世界各地的人会为了获取食物、纤维素和药物而采摘或栽培蘑菇。通常，关于什么蘑菇是安全的、可食用的，甚至在某些情况下是可栽培的，这些知识都会被"就地"保存，并作为传统和文化的一部分被口口相传。但情况并非总是如此。

　　我们知道，北美洲和澳大利亚的原住民都有各自的民族真菌学和民族植物学知识，但许多来到这些地方的移民要么是在某些时候丢失了这些知识，要么是根本就没有获得这些知识。这或许可以稍微解释为什么世界上有大量的"恐真菌者"：这些人对待真菌的态度不一，有的持怀疑态度，有的是完全恐惧，还有的可以接受将单一品种的真菌作为食物，但通常只吃从货架上买来的罐装食品。

　　然而，一场革命正在进行。越来越多的人认为蘑菇很酷、令人兴奋且美味。消费者的口味和需求已经从糟糕发蔫的未成熟的双孢菇（*Agaricus bisporus*）转变为"具异国情调"

　　➤　不同颜色、不同外形的各种各样的蘑菇就在你家门外等着你

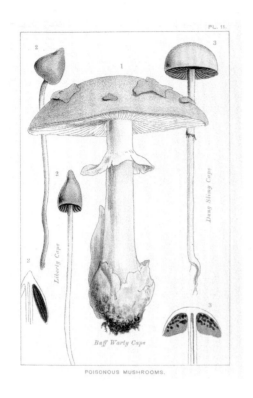

POISONOUS MUSHROOMS.

的栽培蘑菇，如香菇、平菇以及不同成熟度的双孢菇。消费者的选择也开始从工业化栽培的蔬菜（包括蘑菇）转向有机农产品，甚至可能自己种植。当然，如果是为了蘑菇，你也可以选择回到大自然，到森林中寻觅。无论如何，人们现在选择野生蘑菇和栽培蘑菇，不仅是为了获取营养，还因为其有益健康，尤其是在药用方面。

有毒的杀手

在采食野生蘑菇的人数急剧增加的同时，世界各地发生蘑菇中毒的事件数量也呈上升趋势。虽然有危险的真菌物种相对较少，

很久以前出版的关于蘑菇的书籍中就有对毒蘑菇的描述。左图是莫迪凯·库克（Mordecai Cooke）于1894年出版的《食用蘑菇和有毒蘑菇》（*Edible & Poisonous Mushrooms*）中的一幅彩色版画。库克是19世纪维多利亚时代英国著名的蘑菇专家

美丽但致命的鳞柄白毒伞（鹅膏属）

但每年都有人因误食毒蘑菇而丧命。因此，任何试图采食野生蘑菇的人都应该先自学必要的真菌知识。

尽管毒蘑菇包含几个不同的种类，但有一类尤其值得探讨：鹅膏菌。鹅膏菌是臭名远扬的蘑菇，全球90%～95%的蘑菇中毒

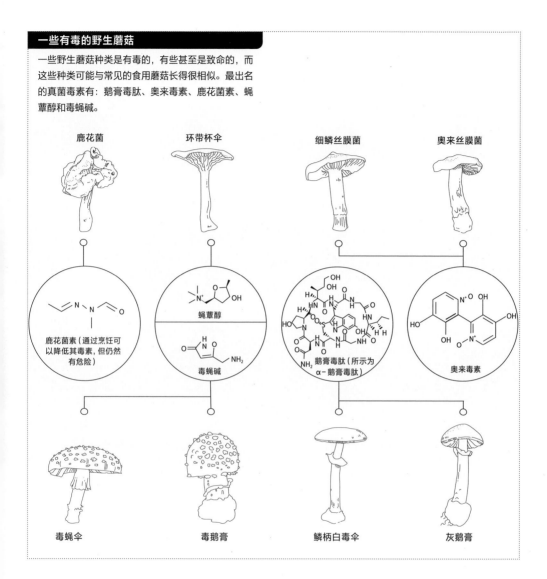

一些有毒的野生蘑菇

一些野生蘑菇种类是有毒的，有些甚至是致命的，而这些种类可能与常见的食用蘑菇长得很相似。最出名的真菌毒素有：鹅膏毒肽、奥来毒素、鹿花菌素、蝇蕈醇和毒蝇碱。

鹿花菌　　环带杯伞　　　　细鳞丝膜菌　　奥来丝膜菌

鹿花菌素（通过烹饪可以降低其毒素，但仍然有危险）

蝇蕈醇

毒蝇碱

鹅膏毒肽（所示为α-鹅膏毒肽）

奥来毒素

毒蝇伞　　毒鹅膏　　　　鳞柄白毒伞　　灰鹅膏

死亡事件都是由鹅膏菌造成的。这是事实，其臭名无法洗清，不过人们对它们也确实存在许多误解。首先，鹅膏菌属中绝大多数物种都是无毒的（有许多鹅膏菌，如凯撒蘑菇，是非常珍贵的食用菌）。其次，其他一些产生有毒化合物的鹅膏菌通常也并不致命。

事实上，鹅膏菌属真菌中只有少数致命物种，而这些物种都属于一个亲缘关系密切的类群：檐托鹅膏组（Phalloideae）。这一类群中包括灰鹅膏（臭名昭著的"死亡帽"）和被称为"毁灭天使"的鳞柄白毒伞（*Amanita virosa*），后者的名字很贴切，因为其醒目的

纯白色外观掩盖了它们致命的名声。檐托鹅膏组的成员会产生鹅膏毒肽（也称为"鹅膏蕈碱"），这些化合物能引起人类和其他哺乳动物中毒。然而，尽管产生鹅膏毒肽的鹅膏菌能致人死亡，但并不是绝对的。在世界范围内，因鹅膏毒肽中毒导致的致死率约为50%，而在北美洲和欧洲，中毒的人通常能快速得到医治，因此死亡率可能低至10%。不过要注意的是：幸存者的器官会遭受永久性损伤，所以请不要碰运气！

鹅膏毒肽会抑制 RNA（核糖核酸）聚合酶 II 的功能，这种酶能催化 DNA 转录合成 mRNA（信使核糖核酸）。由于这是细胞内合成蛋白质的第一步，也就意味着器官的功能和细胞的分裂都会受到影响，如果蛋白质的合成停止，细胞很快就会死亡。

一旦摄入鹅膏毒肽，毒素首先会到达肝脏，肝脏的功能之一就是为血液排毒。但由于血液将毒素反复循环至肝脏，所以肝脏通常是受影响最大的器官。肝脏的损伤可能会

<< 不起眼但致命的盔孢伞（*Galerina* spp.），跟鹅膏菌一样能产生鹅膏毒肽

可怕的鹅膏毒肽中毒阶段

鹅膏毒肽中毒后最令人害怕的一点是，许多患者身上没有任何迹象表明他们有生命危险。这些毒蘑菇尝起来通常没有臭味或苦味（实际上，有些蘑菇味道还很不错），也没有令人反胃的气味，人食用后不会即刻感到胃部不适：鹅膏毒肽中毒的症状通常要在摄入后 6 ~ 24 小时才开始出现，而此时毒素已被人体完全吸收。随后，人体会出现四个中毒阶段：

第一阶段 在出现胃部不适（呕吐和腹泻）的初始症状后，患者似乎逐渐康复。在这个"潜伏期"，毒素会大肆破坏患者的肾脏和肝脏，而患者不会感到不适。

第二阶段 在这一阶段，患者会出现寒战、严重的腹部痉挛、剧烈呕吐和血性腹泻等症状。

第三阶段 患者似乎又恢复了，他们可能被怀疑是严重的食物中毒。如果他们已经住过院，这时可能就出院回家了。

第四阶段 这才是麻烦真正开始的时候。这一阶段是复发，通常发生在 3 ~ 6 天后。患者通常表现为肾脏和肝脏衰竭，进而死亡；也可能由于血液中凝血因子被破坏而死于内出血。

会非常严重，以至于常常掩盖毒素对其他器官的影响，但通过对中毒死亡的动物的尸检研究表明，肾脏、胰腺、肾上腺和睾丸的细胞也会受损。值得关注的是，非哺乳类动物的 RNA 聚合酶合成可能不会受影响或者只受到轻微影响。一些哺乳动物对鹅膏毒肽的敏感度比其他哺乳动物低，而这取决于毒素从消化道进入血液系统的吸收情况：人类和豚鼠对鹅膏毒肽最敏感，狗的敏感度降低到1/10，猫更不敏感。

致幻蘑菇

另一类值得关注的真菌（可能也是近来最热门的真菌学领域）是致幻类真菌，即所谓的"致幻蘑菇"。在 1957 年之前，很少有人听说过裸盖菇属（*Psilocybe*）真菌，它们的子实体很小，毫不起眼。1957 年 5 月 13 日，民族真菌学家罗伯特·戈登·沃森（Robert Gordon Wasson）在《生活》（*Life*）杂志上发表了一篇文章，从此以后，一切都改变了。

❯ 培育中的迷幻物种——古巴裸盖菇（*Psilocybe cubensis*）

沃森在文章《寻找致幻蘑菇》（*Seeking the Magic Mushroom*）中描述了墨西哥南部的神秘仪式以及仪式上所使用的致幻蘑菇，还配上了黑白的、模糊不清的照片。在这篇文章发表之前，沃森和妻子瓦莲京娜（Valentina，出生于俄罗斯）已经在墨西哥南部的偏远山区度过了四个夏天，只为寻找能够致幻的蘑菇。在沃森的最后一次冒险旅行中，随行的还有真菌学家、法国国家自然历史博物馆的馆长罗歇·埃姆（Roger Heim）教授，后者收集并命名了多种用于神圣仪式的致幻蘑菇。

1958年，就职于山德士制药公司的瑞士化学家阿尔贝特·霍夫曼（Albert Hofmann）分离并合成出了致幻蘑菇中的两种主要活性成分——他将其命名为赛洛西宾和脱磷酸裸盖菇素（psilocin），至此，人们才总算知道了致幻蘑菇中含有什么药物成分。霍夫曼对真菌的致幻特性并不陌生：1938年，他就从麦角菌中分离并合成了麦角酸二乙胺（LSD-25），正是这种对致幻剂的迷恋使他开始研究裸盖菇。

令人诧异的是，美国中央情报局（简称CIA）的特工当时也曾与沃森一起前往墨西哥寻找致幻蘑菇，不过沃森当时并不知道其身份。在第三次前往墨西哥实地考察前，沃森收到了一封据称是一个名叫詹姆斯·穆尔（James Moore）的研究生写的信，信中提到

民族植物学之父

沃森及其同伴并不是唯一前往墨西哥了解印第安人古老的蘑菇仪式的人。大约在同一时间，哈佛著名的民族植物学家理查德·埃文斯·舒尔特斯（Richard Evans Schultes）也前往该地收集所有潜在的治疗精神病的植物。舒尔特斯记录了当地原住民在萨满仪式中使用裸盖菇的情况，并发现了古代文献中记载的"蘑菇崇拜"的证据。他还发现了包括"蘑菇石"在内的史前文物，这些文物受到萨满的尊敬，为躲避殖民者的压迫而被藏了起来。这张照片中的是1940年前后在亚马孙河流域的舒尔特斯。

致幻蘑菇

在沃森的最后一次墨西哥之旅中，随行的有著名的真菌学家罗歇·埃姆。在墨西哥，埃姆能在真菌的栖息地研究并绘制插图。《生活》杂志出版了埃姆绘制的与实物一样大小的真菌水彩画，这里展示的是复制的版本，并附有当时的学名。

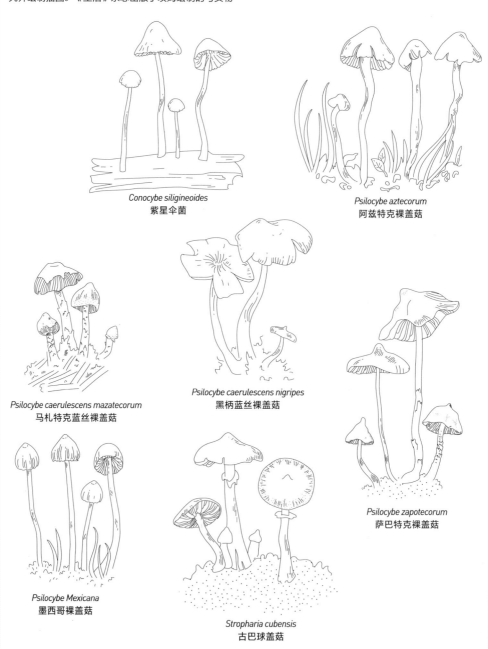

Conocybe siligineoides
紫星伞菌

Psilocybe aztecorum
阿兹特克裸盖菇

Psilocybe caerulescens mazatecorum
马札特克蓝丝裸盖菇

Psilocybe caerulescens nigripes
黑柄蓝丝裸盖菇

Psilocybe zapotecorum
萨巴特克裸盖菇

Psilocybe Mexicana
墨西哥裸盖菇

Stropharia cubensis
古巴球盖菇

>> 蒂莫西·利里与作家奥尔德斯·赫胥黎（Aldous Huxley）的遗孀劳拉·赫胥黎

他想研究致幻蘑菇。穆尔声称自己已经通过一个研究基金会获得了一笔拨款，如果能和沃森同行，他将用其资助沃森的探险。沃森同意带穆尔同行，但他没有意识到穆尔及资助款都来自 CIA。穆尔在旅行中收集的蘑菇后来成为 CIA 精神控制计划"MK-Ultra"项目的一部分，该项目由化学家和间谍头目悉尼·戈特利布（Sidney Gottlieb）主导。

沃森在《生活》杂志上发表的文章激起了许多人的兴趣，随后几年，他们都各怀目标前往该地。1960 年夏天，蒂莫西·利里（Timothy Leary）博士在墨西哥的库埃纳瓦卡度假，他试着从街头小贩那里买蘑菇。作为当时哈佛大学人格研究中心的主任以及心理治疗师，利里认为蘑菇可以成为他新提出的存在主义心理治疗法的基础，这种治疗方法的核心是治疗师要把自己带入患者的心理混乱中。

利里认为，致幻蘑菇可能是让治疗师了解患者精神状态的理想工具，在他从库埃纳瓦卡回来的六周内，山德士制药公司为利里的研究提供了四瓶提纯的赛洛西宾药丸。利里与同事理查德·阿尔珀特（Richard Alpert，后来改名为拉姆·达斯，Ram Dass）及几个研究生开始做实验，研究不同剂量的致幻剂的效果。

为了摆脱学术研究的枯燥乏味，利里的实验很快从教室搬到了家里和学生宿舍，大学生中开始流传关于赛洛西宾的课堂变成狂欢会的传言。传言也传到了哈佛大学传统心理学家的耳中，而他们很快就在《哈佛深红报》（Harvard Crimson）上表达了自己的不满。当利里开始在实验中加入麦司卡林（从仙人掌中提取的致幻物质）和麦角酸二乙胺时，教员们都认为他做得太过分了，1963 年，利里和阿尔珀特被解雇。但那个时候，世界各地有很多年轻人都在吸食大麻，并探索各种致幻药物："爱之夏"文化运动[1]即将开始。

1　Summer of Love，发生于1967年的旧金山，是一场充满叛逆色彩又绚烂多姿的反主流文化运动。

极端环境下的真菌

在地球上，任何一个角落都能找到真菌，哪怕只是小小的真菌群落。当然，陆地环境是真菌的主要栖息地，但也有一些真菌能适应更加极端的环境。

在气候温和湿润、利于生命生长的地方，真菌自然就很多，土壤和腐木中到处可见艳丽的蘑菇。在潮湿、多雨的热带地区，真菌和地衣覆盖了每一个表面（包括彼此），但即使是在非常干燥的地区，也能找到它们。真菌和地衣存在于北美洲的大平原、地中海、澳大利亚酷热的内陆，甚至是美国加利福尼亚州的死谷，尽管它们为了生存，可能会在地下待上好几年甚至几百年。更让人惊讶的是，在南极洲常年狂风肆虐的永冻岩石海岸上也有真菌。事实上，在这种极端环境中，真菌主宰着海鸟以外的所有生命，但除非你知道如何观察，否则不太可能见到它们。

沙漠里的真菌

在沙漠中，真菌常年存在，但其中许多物种很少会钻出地面形成子实体。如果沙漠真菌出现了，那也会是在一场罕见的沙漠降水之后，随之而来的是真菌爱好者们，这些人把采集沙漠真菌列入自己的"生命清单"

伊拉克巴格达以南的一片广袤沙漠似
乎是最不可能找到真菌的地方，但在
冬雨过后，地菇属（Terfezia）物种长
出了子实体。这些珍贵的沙漠块菌在
中东市场上的价格很高

上，就像观鸟者致力于寻找珍稀鸟类一样。

虽然沙漠真菌很罕见，而且能适应干旱的环境，但它们长得并不好看。事实上，由于演化的压力，它们看起来几乎都是一样的：长长的柄上长着封闭的马勃状的菌盖，而且通常深深地扎根于土壤中（可能直达深层的潮湿土壤）。虽然这些真菌中有许多都有菌褶，但它们的菌褶不会完全形成，菌盖也不会打开，以避免脆弱的菌褶和子实层的表面瞬间干燥。

沙漠真菌包括钉灰包属（*Battarrea*）、轴灰包属（*Podaxis*）和柄灰孢属（*Tulastoma*）的物种，它们常见于澳大利亚、北美洲和欧洲的干旱栖息地。此外还有沙漠块菌，如地菇属的物种，不过它们一生都长在地下，即

使在子实体阶段也是如此。

在干旱地区，土壤结皮真菌比蘑菇更常见，但它们同样隐蔽，直到现在才有人开始研究它们对生态系统的重要性。实际上，许多土壤结皮真菌都是微小的地衣，它们结合在一起，能稳定土壤，甚至固定大气中的氮，为干旱的土壤添加必需的养分。沙漠中的生物结皮很容易被牲畜和汽车损坏，而且恢复

↖ 当沙漠栖息地发生降雨时，轴灰包属物种就会出现，它们长得有点像毛头鬼伞（*Coprinus comatus*）

↑ 另一种奇特的沙漠蘑菇是灰钉（*Battarrea phalloides*），它是从菌盖顶部产生孢子，而不是底部

↗ 粪生真菌。在南极大陆，这种真菌以海鸟的粪便为食，从而适应了这里极端的环境

起来非常慢。

石内生真菌

　　也许南极大陆会是你在地球上寻找真菌的最后一个地方。毫无疑问，南极大陆是真菌——实际上是所有生命体——最难生存的栖息地：这里不仅永远寒冷、干燥、多风，而且一年中的大部分时间都是处于黑暗之中，在夏季时还会经历极昼；由于这里的大气层和臭氧层稀薄，所以紫外线辐射非常强。但在这里，就像在地球的其他地方一样，真菌已经找到了一种生存方式，介于适应性极限和濒死之间，勉强存活，也很少繁殖。

　　腐生生物赖以为生的营养并不多，而粪生真菌已经适应于海鸟的粪便。然而，这里的大多数真菌都是以地衣的形式存在，它们是该地区主要的初级生产者。由于南极的环境异常严酷，地衣已经变成了石内生地衣——它们（令人惊奇地）存在于南极裸露的多孔岩石中。石内生真菌的群落可以通过岩石中不同颜色的条带来区分：黑色条带由"黑化"地衣和非地衣型真菌组成（黑色素可以抵御紫外线的强辐射），在其下方还能找到一层由非地衣型光合藻类和蓝细菌组成的绿色层。

　　直到 20 世纪 80 年代，人们才了解到石内生真菌这种奇特的生命形式，且其至今仍是一个非常重要的研究课题。因为有人提出南极的环境条件——温度极低、蒸发迅速、太阳辐射高——可能与早期火星的情况类似。

Tuber melanosporum
黑孢块菌
最珍贵的真菌

- 子囊菌门　Ascomycota
- 盘菌目　Pezizales
- 块菌科　Tuberaceae

栖息地｜森林

　　虽然世界各地被商业采集的块菌（俗称松露）有很多种，但法国的黑孢块菌和意大利的大块菌（*Tuber magnatum*）在市场上占据了主导地位。人们对这两种块菌的需求量远超其供应量，而野生块菌的产量是出了名的无法预测，所以它们的价格达到每千克1345～4700美元。

　　每个人都会问：如果它们在野外很难找到，为什么不人工培育呢？关键是，块菌的培育是出了名的困难，部分原因是其不为人知的地下生命周期。块菌是菌根共生体，而黑孢块菌和大块菌生活在栎属物种和欧榛（*Corylus avellana*）的根上。它们的菌丝向四面八方延伸，如果正好碰到并与其他同类的菌丝融合，就可能会形成子实体。子实体会产生子囊孢子，但由于子实体仍在地下，所以只能依靠动物传播孢子。菌食性动物（包括野猪和啮齿动物）会挖掘并吃掉块菌，孢子就能通过这些动物的粪便传播开来。

　　块菌成功的关键是气味。它们的香气成分模拟了哺乳动物的性信息素，这不仅有助于哺乳动物通过气味定位它们，就连人类也对它们难以抗拒，人们对这种香气的描述是：有泥土味、蒜味、麝香味，令人沉醉、撩人心弦。块菌香气中最主要的化学物质是二甲硫基甲烷（2,4-dithiapentane），它会被人工合成并用于食品工业中，以制造各种"松露味"的油和其他食品。造假者也会用到它，他们不仅会将便

宜的块菌品种混入一批批黑孢块菌中以增加重量，还会往里面掺入这种合成的香气物质。正因如此，生物学家正在努力创建黑孢块菌的完整基因组，以便实现快速测试，从而确定销售时所有块菌的真实性。

下一代松露

松露是由某些真菌产生的地下子实体。子实体香味四溢且营养丰富，对许多哺乳动物都颇具吸引力。当然，松露的主要用途仍是繁殖。松露的内部是子囊，即容纳尖刺状子囊孢子的小室。无论孢子落在森林的什么地方，它们都会发芽，并可能在宿主树的根部定居，从而开始形成新一代松露。

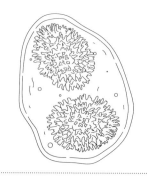

切开块菌的子实体，可以看到内部深色卷曲的子实层或产孢面。子实层将被子囊覆盖

Morchella spp.

羊肚菌

神秘的蘑菇

....

- 子囊菌门　Ascomycota
- 盘菌目　Pezizales
- 羊肚菌科　Morchellaceae

栖息地｜森林和高山

　　除了松露，羊肚菌是最具烹饪价值的野生蘑菇，同时也是最神秘的蘑菇，围绕羊肚菌的传说、流言之多，没有哪种野生蘑菇能比得上。除南极大陆外，所有大陆都分布有羊肚菌属的物种，有羊肚菌的地方就有热情的采摘者，他们守卫着这些春季珍宝的秘密地点。

　　虽然黑色的羊肚菌和黄色的羊肚菌都难以捉摸，但有一类羊肚菌更为神秘——山火羊肚菌，这类羊肚菌只在森林火灾后的春天长出子实体。虽然我们知道羊肚菌的菌丝体生长在没有燃烧过的栖息地，但当火灾发生时，情况会发生变化，在接下来的第一个春天，被烧焦的贫瘠森林将被暴发的羊肚菌覆盖，若非亲眼见到你肯定很难相信。研究人员推测，可能是火灾后土壤的 pH 值、盐度或养分释放的变化以某种方式刺激了菌丝体形成子实体，也可能是火灾后土壤生物、化学或微生物竞争对手发生变化才使得羊肚菌暴发，但没有人确切知道原因。

　　因此，无论是哪里的森林发生了火灾事件，你都可以在地图上圈出那个地方并等待采摘羊肚菌。当春天到来，山火羊肚菌将开始产孢。请抓紧时间，这一过程只会持续几周的时间，之后羊肚菌又会"躲"起来，等待下一场森林大火。

　　几个世纪以来，人们一直在努力寻找神秘的羊肚菌。一直有人问我：为什么不干脆培育它们？答案总是一样的：因为这是不可能的！前人已经为此尝试了很长时间。美国亚拉巴马州和密歇根州的商业羊肚菌养殖场所进行的一些实验暂时取得了成果，但最终未能持续下去。不过，最近好像有了一点突破。

　　事实证明，一些产自受干扰区或火灾后地区的羊肚菌物种可以被驯化，如梯棱羊肚菌（*Morchella importuna*）。中国四川省绵阳市食用菌研究所的所长朱斗锡教授是真菌学界的先驱，被誉为中国的"羊肚菌之父"。作为世界上第一个在户外成功培育羊肚菌的人，他花了 27 年的时间研发出羊肚菌栽培技术，比如在有遮挡的梯田埋入营养袋进行栽培。如今，朱教授的羊肚菌栽培技术已在亚洲、欧洲、北非的至少 20 个国家推广。

　　>> 春天来临的标志：美国的蒙大拿州在经历一场野火的一年后，山火羊肚菌出现了

Amanita phalloides

灰鹅膏

最臭名昭著的蘑菇

··

- 担子菌门　Basidiomycota
- 蘑菇目　Agaricales
- 鹅膏科　Amanitaceae

栖息地｜森林和城市

灰鹅膏是世界上分布最广的蘑菇物种之一，虽然最早描述这一物种的是欧洲，但现在除了南极大陆，所有大陆的人都知道它。与其他大多数蘑菇相比，人们更了解灰鹅膏的生态学特征，因为无论它出现在哪里，死亡很快会随之而来。如前文所述，这种蘑菇是全世界蘑菇致死事件的主要原因，据专家的预测，灰鹅膏导致的人类中毒事件还将持续增加。

灰鹅膏现在之所以分布如此广泛，是因为它能够与各种宿主树木配对，包括在园艺和经济方面比较重要的坚果、木材和造纸材等树种。而这也使得它能够在全球范围内传播和迁移。在北美洲，灰鹅膏的分布范围在短短几十年内急剧扩大，而且肯定会继续扩张。

如果你对采集并食用野生蘑菇感兴趣，那你必须熟悉所有致命的鹅膏菌种类，因为像灰鹅膏这样的危险蘑菇通常与其他常见的食用蘑菇（包括一些栽培的品种）极为相似。对毒蘑菇不熟悉的采摘者大都会错误地认为：有毒的蘑菇会有"警告标志"，它们要么颜色艳丽，要么气味难闻，要么味道苦涩或令人恶心，然而事实并非如此。虽然自然界中大多数有毒或分泌毒液的生物都会显示出警戒色或警告色，如红色和黄色，但真菌并不遵循这一规律。事实上，最常见的有毒蘑菇是褐色或灰色的，还有很多是纯白色的；而且大多数毒蘑菇的味道都很好。所以在你准备好的蘑菇菜品中，没有什么"信号"能"警告"你，它可能会杀死你。

>> 地球上最臭名昭著的蘑菇是灰鹅膏，全球蘑菇致死事件中90%～95%都是这种蘑菇造成的

Psilocybe cubensis

古巴裸盖菇

惊人的化学反应

· ·

- 担子菌门　Basidiomycota
- 蘑菇目　Agaricales
- 层腹菌科　Hymenogastraceae

栖息地｜森林和城市

　　裸盖菇属是一个大属（全世界有近 400 种物种），这些棕色的小蘑菇长在腐木或哺乳动物的粪便上。由于易于栽培，原产于加勒比海和墨西哥湾地区的古巴裸盖菇成为该属最广为人知的物种。该属中其他重要的物种有：坦帕裸盖菇（*Psilocybe tampanensis*），生成一种块茎状的地下菌核，在欧洲的部分地区以"神奇松露"的名义出售；锥状裸盖菇（*Psilocybe weraroa*），分布于大洋洲，包括澳大利亚；半裸盖菇（*Psilocybe semilanceata*），英文名为 Liberty Cap（自由帽），原产于北欧，但如今常见于世界各地的草坪和牧场。

　　裸盖菇之所以如此"神奇"，是因为这些蘑菇含有精神性色胺类化合物赛洛西宾或其类似物，如脱磷酸裸盖菇素、一甲基裸盖菇素（baeocystin）。除孢子外，裸盖菇的所有部位都含有这种化合物，一旦摄入，这种化合物就会在体内迅速转变为毒素。从结构上看，赛洛西宾和脱磷酸裸盖菇素都类似于神经递质 5- 羟色胺 [1]，因此它们能结合并激活大脑中的 5- 羟色胺受体。

　　目前，人们还未完全了解脱磷酸裸盖菇素和 5- 羟色胺在大脑中的工作原理，但推测 5- 羟色胺在整合来自所有感觉器官（眼睛、耳朵、鼻子等）的信息方面发挥着重要作用。脱磷酸裸盖菇素似乎以类似的方式发挥作用，但它会扰乱来自感觉器官的信息，进而导致幻觉的产生。

　　致幻剂会让人的感知、认知和情绪发生改变，并处于一种反常的意识状态。人们早就认识到，这些化合物可能在治疗抑郁症、强迫症和成瘾等神经精神疾病方面具有潜力。在 20 世纪 50 年代和 60 年代，赛洛西宾和脱磷酸裸盖菇素成功治愈了上万名患者，并在最近又成为研究的前沿。在致幻剂中，赛洛西宾已被证实能迅速缓解抑郁症状，单次服用该药后，其疗效可持续数月。

　　≫　古巴裸盖菇的子实体除孢子外，每个部分都含有精神性化合物

1　一种抑制性神经递质。最早发现于血清中，因此也称为血清素。在体内，5-羟色胺参与调节痛觉、情绪、睡眠、体温等活动。

Laccocephalum mylittae
巨核雷丸菌

神出鬼没的蘑菇

- 担子菌门　Basidiomycota
- 多孔目　Polyporales
- 多孔菌科　Polyporaceae

栖息地 | 森林

　　这是澳大利亚最奇怪的蘑菇之一，也是那里最隐蔽的蘑菇。这种真菌的菌核通常是一个非常大的块茎状团块，比其子实体更常见。迈尔斯·伯克利牧师（Reverend Miles Berkeley）最初把这种真菌归类为巨核属（*Mylitta*），因为他认为这是一种块菌。1885 年，当亨利·托马斯·蒂斯德尔（Henry Thomas Tisdall）在维多利亚的野外博物学家俱乐部展示带有萌芽蘑菇的这种真菌时，它才被确定为陆生具柄的多孔菌。

　　这种腐生菌目前被命名为巨核雷丸菌，产于澳大利亚南部和东部的热带雨林和桉属（*Eucalyptus*）树林中。在澳大利亚其他地区的不同栖息地中，至少还发现了两种近缘种。早期的书面记录表明，澳大利亚原住民将挖掘出来的菌核视为美味佳肴，很可能是将其切成片生吃，因此它也被称为"天然面包"（native bread）。这其实是不太常见的，因为虽然许多真菌会产生坚硬的菌核（极有可能是为了在繁殖前储存营养），但只有少数会被人类采集并食用。在北半球，我们知道美洲的原住民会食用茯苓（*Wolfiporia extensa*），但一种类似雷丸菌属的多孔菌——块茎形多孔菌（*Polyporus tuberaster*）却未被食用，不过这可能是因为它除了长得像石头，其内部还经常确确实实堆积了石头和其他碎片的缘故，因此它有时也被称为"石蘑菇"（stone mushroom）。

　　人们认为，巨核雷丸菌的菌核可以安稳自在地在地下生长多年甚至几十年，而且有文献记载，在从森林采集后的几年内，它还能在室内长出子实体。这种真菌的菌核尺寸通常非常大，重达 4.5 ~ 9 千克；除了有储存的功能，这样的结构还可能是为了适应易发生火灾的栖息地。当然，野火似乎是其形成子实体的催化剂。2019 年，在澳大利亚发生大规模山火后，以前没发现过雷丸菌的地区，冒出了大量雷丸菌的子实体。其中，山丘雷丸菌（*Laccocephalum tumulosum*）甚至被称为"凤凰石匠"（Phoenix Stonemaker），因为它是从火灾后的灰烬中长出的。

　　≫　神出鬼没的巨核雷丸菌。这种真菌即使在挖掘出来后，也能从石头状的菌核中长出蘑菇

Geopyxis carbonaria

炭地杯菌

惊人的生态学特征

....

- 子囊菌门　Ascomycota
- 盘菌目　Pezizales
- 火丝菌科　Pyronemataceae

栖息地│森林和高山

　　在世界的许多地区，尤其是澳大利亚和北美洲，连年发生了前所未有的重大火灾，这使得人们能够对一类鲜为人知的罕见真菌进行更详细的研究。这类真菌便是嗜热真菌，几乎只在火灾后出现。与山火羊肚菌（详见第 213 页、第 264 页）一样，对多种嗜热真菌来说，热量无疑是中断其孢子和菌核休眠状态的因素之一。火灾还使得土壤的酸碱度显著增加（pH 值升高），减少了土壤中其他微生物竞争者，这些变化都有利于真菌的生长。但是，这些神秘的真菌在没发生火灾的几年里都在哪里，又在做什么呢？

　　事实证明，在这些真菌中有许多物种是以内生菌的形式生活在火灾多发地区的地衣、苔藓、苔藓植物和其他植物（包括树木）中。大多数嗜热真菌属于子囊菌（大多数地衣型真菌也属于子囊菌，少数属于担子菌），包括一些鳞伞属物种。而有趣的是，鳞伞属物种更为人所知的是其营腐生生活：无论你在哪里找到腐烂的木头，都有可能找到鳞伞属真菌，只不过它们不是该属内的嗜热物种，而似乎是苔藓植物的内生菌。

　　在所有嗜热真菌中，最美丽的可能要数炭地杯菌。炭地杯菌有众多悦耳的俗名，其中包括"篝火杯"（Bonfire Cups）和"小精灵杯"（Pixie Cups）。在森林火灾后的初春，炭地杯菌那相对较大的、具柄的"杯子"会大量出现，而这也意味着山火羊肚菌即将长出子实体。不只是澳大利亚和北美洲，这种真菌几乎在全球范围内都有分布。不过，这种真菌只会在火灾后的第一年出现在被烧毁的地面上，之后就会躲藏起来，作为森林生态系统的重要共生体继续生活，等待下一场大火"唤醒"它们。

>> 炭地杯菌通常是第一个从野火灰烬中冒出来的生命体

GLOSSARY
术语表

半知菌 由不相关的真菌组成的一个非正式的多系群，仅以其无性型（无性繁殖）为人所知。其中许多是子囊菌和担子菌的无性型，然而由于没有有性繁殖的子实体，它们的亲缘关系仍不清楚。

胞质融合 两个亲和的菌丝细胞的细胞质融合。

产孢组织 腹菌（如马勃菌、地星和鬼笔菌）内部产孢子的组织团。在鬼笔菌中，则是指菌盖表面的一种呈凝胶状、气味难闻的黏稠物质。

丛枝菌根 通常简称为"AM"，一种菌根真菌，与植物根系形成共生关系。菌丝延伸并穿透其植物宿主的皮质细胞（但不会穿透细胞膜），产生被称为"丛枝吸胞"的吸收结构。

丛枝吸胞 菌根真菌复杂的分枝吸器，被认为是真菌与宿主之间交换物质的主要场所，因看起来像"小树"而得名。

单倍体 配子中染色体的数量（n），是二倍体合子染色体数量（2n）的一半。在大多数真菌的生命周期中，单倍体阶段占主导地位。在有性繁殖阶段，两个亲和的细胞核融合（核配）形成二倍体合子，随后很快进行减数分裂，产生新的单倍体孢子，进而产生单倍体菌丝。

单核体 只有一个单倍体细胞核的真菌孢子或菌丝细胞。

担孢子 经过核配和减数分裂后在担子中产生的单倍体孢子。

担子 产生担孢子的球棒状结构。担子是担子菌的特征。

担子果 包含担子和担孢子的子实体。

担子菌 通过担子中产生的担孢子进行有性繁殖的一类真菌。

地衣 由构成地衣叶状体的真菌（地衣共生菌）与光合藻类或/及蓝细菌（共生光合生物）共生组合而成的复合生物。地衣的形态和生理与其单独生存的共生体截然不同。

地衣共生菌 地衣中产生叶状体的真菌共生体。

二倍体 由性亲和的两个不同单倍体菌丝的细胞核融合而成的具备一套完整染色体（2n）的细胞核，每个细胞核的染色体只有二倍体的一半（n）。

分解代谢 生物体内复杂的分子被分解成简单的分子，同时释放能量。

分类 形容词，指一种生物或一组生物群的分类和/或命名。

分类学 专门研究生物的收集、编目、分类和命名的学科。

粪生 在粪便中或粪便上生长。

腐生 从死亡的或腐烂的有机体中获取营养。

- **腐生生物** 营腐生生物的生物，通常是真菌或细菌。

- **腐食营养** 形容以死亡的有机体为食的生物类型。

- **隔膜** 菌丝、细胞或孢子中的"隔断"或横壁。

- **共生光合生物** 在地衣的共生组合中营光合作用的共生藻类或共生蓝细菌。

- **核配** 两个单倍体细胞核融合形成二倍体合子。与胞质融合相对。

- **兼性** "可选择的"，用于形容一种生物的特性或生活方式，如进食、运动、获取能量、繁殖或联系的方式。也就是说，生物可能是兼性食肉动物、兼性厌氧生物、兼性需氧生物、兼性寄生生物或兼性共生生物。"专性"的反义词。

- **减数分裂** 真核生物的二倍体（2n）染色体先进行复制（4n），然后进行两次减数分裂以产生 4 个单倍体（n）配子或孢子的过程。

- **接合孢子** 两个相似的配子融合形成的厚壁的有性孢子。接合孢子是接合菌的特征。

- **菌核** 一种高度凝聚的未分化的无性菌丝团，通常被包裹在坚硬、木质、厚实的深色外皮中。这些结构使得真菌能够在不利的环境下生存。

- **菌丝** 真菌的单倍体细丝。

- **菌丝体** 由菌丝团构成的真菌菌体。

- **菌索** 在一些子实体的基部平行排列的菌丝组成的类似绳索的结构。

- **菌褶** 蘑菇的薄片状或褶状的子实层结构。

- **同宗配合** 一种能自配繁殖（由同一母体产生的配子进行交配）的真菌。

- **外生菌根** 通常简称为"ECM"，真菌菌丝在根系周围和表皮细胞之间延伸的菌根。

- **无隔膜** 缺少隔膜，通常与接合菌的菌丝有关（也见于多核细胞）。

- **无性型** 真菌的无性繁殖状态或形式。与有性型相对。

- **吸器** 寄生真菌的一种特化结构，能穿透宿主的组织（但不能穿透细胞膜）。从枝菌根真菌的吸器被称为"丛枝吸胞"。

- **小梗** 担子顶端的一种小而窄的柄状结构，是形成担孢子的场所。

- **异宗配合** 一种需要两种亲和的不同交配型才能进行有性繁殖的真菌。

- **有丝分裂** 在真核细胞中，细胞核中的染色体首先被复制，然后分离成两个与原始染色体相同的染色体副本，再分别进入子细胞核内。

- **有性型** 真菌的有性繁殖阶段。与无性型相对。

- **真菌病**　因真菌感染人类引起的疾病。

- **专性**　"必要的"，用于形容一种生物的特性或生活方式，如进食、运动、获取能量、繁殖或联系的方式。也就是说，生物可能是专性食肉动物、专性厌氧生物、专性需氧生物或专性共生生物。"兼性"的反义词。

- **子囊**　产生子囊孢子的囊状结构。子囊是子囊菌的特征。

- **子囊孢子**　经过核配和减数分裂后在子囊中产生的单倍体孢子。

- **子囊果**　包含子囊和子囊孢子的子实体。

- **子囊菌**　在子囊内形成子囊孢子进行有性繁殖的一类真菌。

- **子实层**　产生有性孢子的可育组织（如蘑菇的菌褶，牛肝菌及多孔菌的孔）。

- **子实层体**　子实体内形成子实层的结构。

- **子实体**　也被称为"蘑菇"，是子囊菌或担子菌产生有性孢子的结构。

- **子座**　一团紧密的真菌组织，子实体在其上或内部发育。

▸▸　在美国密歇根州东南部发现了一种活力四射的硫色炮孔菌（*Laetiporus sulphureus*）。这种珍贵的可食用多孔菌因其质地和味道而被称为"森林之鸡"

REFERENCES
参考文献

关于真菌的科学、毒素、历史、传说和蘑菇鉴定的参考书目

Ainsworth G C. Introduction to the History of Mycology[M]. Cambridge: Cambridge University Press, 1976: 359.

Alexopoulos C J, Mims C W, Blackwell M M. Introductory Mycology[M]. 4th ed. New York: Wiley, 1996: 869.

Arora D. Mushrooms Demystified: A Comprehensive Guide to the Fleshy Fungi[M]. 2nd ed. Berkeley: Ten Speed Press, 1986: 959.

Benjamin D R. Mushrooms: Poisons and Panaceas[M]. New York: W. H. Freeman and Company, 1995: 422.

Boughler N L, Syme K. Fungi of Southern Australia[M]. Nedlands, Australia: University of Western Australia Press, 1998: 391.

Bunyard B A, Lynch T. The Beginner's Guide to Mushrooms: Everything You Need to Know, from Foraging to Cultivation[M]. Beverly, MA: Quarry Books, 2020: 160.

Bunyard B A, Justice J. Amanitas of North America[M]. Batavia, Illinois: The FUNGI Press, 2020: 336.

Dugan F M. Fungi in the Ancient World: How Mushrooms, Mildews, Molds, and Yeast Shaped the Early Civilizations of Europe, the Mediterranean, and the Near East[M]. St. Paul: APS Press, 2008: 140.

Harding P. Mushroom Miscellany[M]. London: Collins, 2008: 208.

Hudler G W. Magical Mushrooms, Mischievous Molds[M]. New Jersey: Princeton University Press, 1998: 248.

Kendrick B. The Fifth Kingdom[M]. MA: Focus Publishing, Newburyport, 1992: 386.

Laessøe T, Petersen J H. Fungi of Temperate Europe[M].

New Jersey: Princeton University Press, 2019: 1708.

Letcher A. Shroom: A Cultural History of the Magic Mushroom[M]. New York: Harper Collins, 2007: 360.

Lincoff G. National Audubon Society Field Guide to Mushrooms[M]. New York: Knopf, 1981: 926.

Marley G A. Chanterelle Dreams, Amanita Nightmares[M]. Vermont: Chelsea Green Publishing, 2010: 255.

McIlvaine C. One Thousand American Fungi[M]. Indianapolis: Bobbs-Merrill Company, 1900: 749.

Millman L. Fungipedia: A Brief Compendium of Mushroom Lore[M]. New Jersey: Princeton University Press, 2019: 200.

Money N P. Mushroom[M]. New York: Oxford University Press, 2011: 201.

Petersen J H. The Kingdom of Fungi[M]. New Jersey: Princeton University Press, 2012: 265.

Phillips R. Mushrooms and Other Fungi of North America[M]. New York: Firefly Books, 2010: 319.

Ramsbottom J. Mushrooms & Toadstools: A Study of the Activities of Fungi[M]. London: Collins, 1953: 306.

Rolfe R T, Rolfe F W. The Romance of the Fungus World: An Account of Fungus Life in Its Numerous Guises, Both Real and Imaginary[M]. Philadelphia: Lippincott Co., 1925: 308.

Schaechter E. In the Company of Mushrooms[M]. Harvard University Press, 1997: 296.

Taylor T N, Krings M, Taylor E L. Fossil Fungi[M]. London: Academic Press, 2015: 382.

Webster J, Weber R. Introduction to Fungi[M], 3rd ed. Cambridge: Cambridge University Press, 2007: 841.

>> 金针菇是一种极受欢迎的栽培蘑菇，其中文正名为朴菇（*Flammulina velutipes*）。这种蘑菇也生长在野外，是一种重要的木腐菌

致力于真菌教育和真菌保护的组织和网站

布雷萨多拉真菌协会

ambbresadola.it

澳大利亚真菌学会

australasianmycologicalsociety.com

欧洲蘑菇的信息

fungus.org.uk

欧洲真菌学会

euromould.org

新西兰真菌网络和新西兰真菌学会

funnz.org.nz

真菌杂志

fungimag.com

加利福尼亚州的真菌

mykoweb.com

真菌索引

indexfungorum.org

蘑菇专家

mushroomexpert.com

蘑菇观察者

mushroomobserver.org

蘑菇种植者时事通讯

mushroomcompany.com

北美洲真菌学会

namyco.org

INDEX
索引

PICTURE CREDITS
图片版权信息

作者和出版商感谢您授权使用本书中的图片。

Shutterstock

文前P3左上：vilax；封底左，文前P3右上：valzan；文前P3左下：bogdan ionescu；文前P3右下：Aksenova Natalya；文前P4右上：xpixel；文前P4中右：Pisut chounyoo；文前P4左下：Shutter_arlulu；文前P4右下：lcrms；P3：CKHatten；P4-5：Take Photo；P6-7，P269：Dmytro Tyshchenko；P8：mark higgins；P13：Protasov AN；P12：Pisut chounyoo；P26：Kichigin；P30：epioxi；P34，P37，P223上，P273：Henri Koskinen；P35：Josep M Penalver Rufas；P53：weinkoetz；P62-63：Denis Gavrilov Photo；P66：Melinda Fawver；P67上：Kimberly Boyles；P68上：Anne Powell；P72-73：Anita Kot；P75：Filip Fuxa；P76-77：Pablo Rodriguez Merkel；P85：PHOTO FUN；P97：Sajjadabda；P99下：LI CHAOSHU；P106：Pee Paew；P113：bogdan ionescu；P115:krolya25；P119：Ralf Broskvar；P133上：FtLaud；P133插图：Yayah-Ai；P142：Ruth Swan；P148上：Platoo Fotography；P150，P243：Everett Collection；P155：Agorastos Papatsanis；P159：Somogyi Laszlo；P170：Michael Siluk；P173：Zulashai；P175：MR.AUKID PHUMSIRICHAT；P180-181：dugdax；P184：My September；P199：Henrik Larsson；P201：R.Croskery；P204-205：Iva Hari；P209：Budimir Jevtic；P210-211：James Percy；P212：Ryan McGill；P214：Favious；P215下：Chen Min Chun；P218：Susanne Leitgeb；P219：Matjaz Preseren；P220：Wingedbull；P222，P229：sruilk；P224：Kirsanov Valeriy Vladimirovich；P227：LariBat；P233：FotoLot；P235：Trialist；P241：ChWeiss；P242：Kallayanee Naloka；P244左：Martina Kachakova；P244右：Jirawan Muangnak；P245：Kateryna Kon；P248-249：Botanic Table of Elements；P252-253：NK-55；P254：anitram；P257：Joseph Sohm；P260左：Dominic Gentilcore PhD；P261：Botond Horvath；P276-277：Mary Elise Photography；P279：dan_nurgitz。

Alamy Stock Photo

封面：Malcolm Shuyl；封底上，文前P1，P267：Roger Phillips；P2，P21：Pat Canova；P38-39：Henrik Larsson；P41：Naturepix；P43：fotototo；P46：916 collection；P51：Malcolm Schuyl；P67下，P102，P125，P213：Henri Koskinen；P79：Panther Media GmbH；P87：Buiten-Beeld；P93：Nature Picture Library；P96：Arterra Picture Library；P99上：INTERFOTO；P104：Tommi Syvänperä；P107：Science Photo Library；P109上：Science Photo Library；P127：Kevin Oke；P129：Hakan Soderholm；P133下：Colin Munro；P134右：Nature Picture Library；P140：Andrew Hasson；P143：Inga Spence；P143：Ashley Cooper pics；P148下：danaan andrew；P149上：Tribune Content Agency LLC；P153上：Science History Images；P153下：Glasshouse Images；P163：Roger Phillips；P176：Emmanuel LATTES；P179上：Scenics & Science；P182：Bill Gozansky；P188-189：Biosphoto；P191：Marina Sutormina；P195：imageBROKER；P197：Lee Rentz；P216：David Pressland；P223下：Custom Life Science Images；P246-247：Justin Long；P250左：Marcus Harrison – plants；P258-259：REUTERS；P263：Hemis；P265：Randy Beacham；P271：Reading Room 2020。

Science Photo Library

P16：Javier Aznar/Nature Picture Library；P17：Eye of Science；P27：Herve Conge, ISM；P59：Wim Van Egmond；P65：Dennis Kunkel Microscopy；P91：SCIMAT；P91插图：Keith Weller/US Department of Agriculture；P135左：US Fisheries and Wildlife Service/Ryan Von Linden, New York Department of Environmental Conservation；P221：Dr Kari Lounatmaa；P231：Photo Researchers, Inc.。

Nature Picture Library

P10：Guy Edwardes；P18：Guy Edwardes/2020VISION；P20：John Waters；P22-23：Andres M. Dominguez；P29：Niall Benvie；P69：Juergen Freund；P169：Bence Mate。

Nature in Stock

P1：Ronald Stiefelhagen；P80：Paul Bertner/Minden Pictures。

非机构摄影师

P13：Corentin C. Loron；P14，P110，P112，P237：Britt A. Bunyard；P31：Joe McFarland；P55：Jonathan Frank；P57：James & Dawn Langiewicz；P83：Carlos Cortés；P89：Daniel Winkler；P103上：Karin März；P123：Andrus Voitk；P157：Enrique Rubio；P165：Danny Newman。

Creative Commons/Public Domain

P19：Public Domain/PD-US-expired；P40左：Gerhard Koller（CC BY-SA 3.0）；P40右，P101：Alan Rockefeller（CC BY-SA 3.0）；P44：Janet Graham（CC BY 2.0）；P45左：Sealox（CC BY-SA 4.0）；P45右：Public Domain/PD-US-expired；P49：Lesfreck（CC BY 3.0）；P64：Stu's images（CC BY-SA 3.0）；P68下：Karin März/Public Domain；P70-71：Jpallante（CC BY-SA 4.0）；P74左：Bob Blaylock（CC BY-SA 3.0）；P74右：Public Domain/PD-US-expired；P78：James Sowerby/PD-US-expired；P100：Paul Venter/Public Domian；P103下：Henk Monster（CC BY 3.0）；P103插图：Michael Koltzenburg（CC BY-SA 3.0）；P105：Ben Mitchell/Wildeep/Public Domain；P108，P161，P240右：Nephron（CC BY-SA 3.0）；P109下：Graham Beards（CC BY-SA 4.0）；P114：Public Domain/The National Gallery, London；P117：Yue Jin/Public Domain；P121：Jamain（CC BY-SA 3.0）；P134左：Dr Alex Hyatt, CSIRO（CC BY 3.0）；P135右：Djspring（CC BY-SA 3.0）；P136：Vanvlitp（CC BY-SA 3.0）；P137：Claudette Hoffman（CC BY-SA 3.0）；P138-139：Public Domain；P142：Akerbeltz（CC BY-SA 3.0）；P145：Mary Ann Hansen（CC BY-SA 3.0）；P146-147：Baker, Joseph E/Public Domain；P147插图：Dominique Jacquin/Public Domain；P149插图：Smartse（CC BY-SA 3.0）；P168：Public Domain；P174：Ryane Snow（CC BY-SA 3.0）；P179下：Rit Rajarshi（CC BY-SA 4.0）；P186：Public Domain/PD-US-expired；P187：Jason Hollinger（CC BY 2.0）；P193：Gilles San Martin（CC BY-SA 2.0）；P206，P207上：Keith Weller/USDA；P207下：Sara Wright/USDA；P208：André-Ph. D. Picard（CC BY-SA 3.0）；P215上：Michael Hartwich（CC BY-SA 4.0）；P217：Sasata（CC BY-SA 3.0）；P240左：CDC/Dr. Lucille K. Georg（PHIL#3964），1955年；P250右：Dan Molter（CC BY-SA 3.0）；P255：Public Domain；P260右：Doug Collins（CC BY-SA 3.0）。

本书所用地图系作者原图，物种的分布范围均为大致范围，仅作参考。